伪装高手
拟态生物图鉴

日本宝岛社 编著

王 晗 译

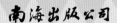

2024·海口

擅长伪装的生物大合集！

地球上栖息着无数的生物，所有生物都拼命觅食，希望活下来并繁衍生息。为了能在顺利捕获食物的同时，巧妙地躲过敌人的袭击，它们绞尽脑汁。于是，在进化的过程中，它们慢慢掌握了独有的技能。这其中的一种便叫作"拟态"。

变换身体的颜色和形状，伪装成其他动物、植物或是石头等；或利用自己身上的斑纹，伪装成比自己更强大的生物，以此迷惑敌人，从而免受侵害——拟态就是这样一种独特的技能。拟态有时用于诱骗猎物，有时用于隐藏自己，生物们借此技能，在自然界里生存繁衍。

在这本书里，你能看到很多"模仿达人"，包括昆虫、鸟类、鱼类、爬行类、两栖类等，这是所有擅长伪装的生物大合集。

"是吗？真会有这种书？"

"太好了！简直令人难以置信！"

你一定会大吃一惊，不由得说出这样的话吧。即便仔细地盯着照片看，也分辨不出哪里有拟态生物。这本书里收录的都是拟态生物界的"种子选手"，骗过人类的眼睛可是它们的拿手好戏。

本书的主题是"擅长伪装的生物"，伪装成枯叶的蛾子，伪装成人脸的虫子，等等，它们的拟态都充满了个性。请大家跟随作者的脚步，逐步领略生命的神奇和不可思议吧。希望正在翻阅本书的你，能有所发现和收获。

「树叶」篇

拟态生物『四大天王』之

叶䗛

Phyllium pulchrifolium

也叫『叶子虫』。形如其名，看起来像是由几片叶子组合而成。它们通过这种拟态方式来隐藏自己，从而躲避敌人，就像『忍者』一样！

详情
请翻至p24
阅读。

一旦有异常，
就会变成这种形状！

叶尾壁虎

Uroplatus phantasticus

这种壁虎看起来像是用枯叶裁剪而成的艺术品。它们利用这种形态来诱骗猎物。因为太像叶子，让人毛骨悚然。

详情
请翻至p36
阅读。

这难道不是用枯叶做成
的模型吗？！

根本区别不出是树叶还是矛翠蛱蝶幼虫！

矛翠蛱蝶幼虫

Euthalia aconthea

一旦爬上树叶，就像融进树叶了一般。真是了不起的拟态！

详情请翻至p30阅读。

这真的是活的吗？

详情请翻至p49阅读。

核桃美舟蛾

Uropyia meticulodina

看起来像是卷曲的枯叶，可它却是货真价实的活物。这是一种蛾，很多地方都能见到。大家可以找找看！

5

真是
太厉害了！

其他篇

拟态生物『四大天王』之

WANTED

长身短肛棒䗛

Baculum elongatum

详情
请翻至p70
阅读。

呃……
虫子在哪儿呢？！

伪装成树枝的功力，生物界无一能出其右。与背景植物完全融为一体，不仔细的话，你根本找不到它在哪儿！

WANTED

除非它自己起身，不然你绝对不可能发现它！

详情
请翻至p112
阅读。

巴氏豆丁海马

Hippocampus bargibanti

这是一种隐居在珊瑚丛中的海马，是拟态界的精兵强将，从质感到体色无不模仿到位。仔细观察你会发现，它把尾巴缠在珊瑚上，完全与之融为一体了。

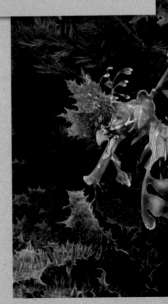

6

详情
请翻至p86
阅读。

WANTED

兰花螳螂
Hymenopus coronatus

伪装成花瓣，让猎物
掉以轻心，是天生的
猎手。

乍一看，"这花可真美啊！"
仔细一看，竟然是螳螂！

WANTED

叶海龙
Phycodurus eques

与海藻十分相似。凭借这种高
水平的拟态能力，它们保护自
己不被天敌猎食，同时又能偷
袭猎物！

详情
请翻至p118
阅读。

它们会像海藻一样
漂浮在水面上！

7

目 录

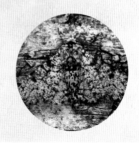

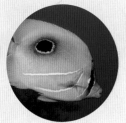

【致读者及关于本图鉴中记录的各类名称】

本书记录了每种生物的生物名、学名、分类、体长、体色、分布地、栖息地七个项目，其中体长、体色、分布地、栖息地都是平均且大致的情况。要想将生物彻底弄明白是不可能的，不同的专家也有不同的见解，本书的很多信息都是在调查研究的基础上作出的推测，特此声明。

序 什么是拟态

生物为何要拟态

▌ 伪装的行为称为"拟态"

所有生物，都有一个从小到大的生长过程。有些生物像人类一样，只是身体长大，样貌不会发生太大的改变；而有些生物，比如蝴蝶，从幼虫（毛毛虫）变为蛹，继而变成成虫（蝴蝶），形态构造会完全改变。

然而，在这个世界上，还有一种与身体的成长无关的改变，那就是适时而变的"伪装"：或是改变身体的形态，或是改变身体的颜色。它们从出生起，就可以变成与另一种生物或物体相似的样子。这种伪装行为，叫作"拟态"。"拟"即"模仿"，"态"即"物体的形状或姿态"，"拟态"即用自己的身体模仿其他的物体。

生物为什么要拟态？当然是"为了生存"。

胡蜂

攻击！

柿癣皮夜蛾

隐身！

这是拟态的主要目的。

拟态是保护自己的一种手段！

狼

威吓！

锹甲

装死！

这也是了不起的拟态！

② 拟态有哪些种类

我们的拟态分为
隐蔽型和进攻型！
是不是很厉害？
三角枯叶蛙

三种不同的拟态类型

拟态有不同的目的和类型，其中最具有代表性的有以下三种。

第一种是为了隐藏自己的拟态。伪装成周边的景物或是别的生物，免于被敌人袭击。这种拟态被称为“隐蔽型拟态”。

第二种是为了捕获猎物的拟态。为了不被敌人发现这一点与隐蔽型拟态是一致的，但是二者的最终目的不同。这种拟态是为了在捕猎时不被猎物察觉，是攻击型的拟态。这种拟态被称为“进攻型拟态”。

最后一种是伪装成比自己强大的生物来骗过敌人的拟态（贝茨拟态）。这么做的目的是让对方远离自己、吓跑对方。这种拟态被称为“自卫型拟态”。

拟态的主要类型

1 隐蔽型拟态 ▶ 与周边景物融为一体

例：锯吻剃刀鱼

这种鱼会巧妙地利用自己细长的身体，"化身"海草。它们伪装得特别像，乍一看根本看不出区别来。这样一来，敌人的袭击也就少多了。

2 进攻型拟态 ▶ 以伏击猎物为目的

兰花螳螂的身体像兰花花瓣一样，拿手好戏是充分利用自己的身体特点，隐藏在花丛中伏击猎物。极具攻击性，可不要被它柔弱的外表蒙蔽了！

例：兰花螳螂

3 自卫型拟态 ▶ 伪装成更强大的生物以躲避危险

例：锯尾单角鲀

在自卫型拟态的生物当中，锯尾单角鲀绝对是大师级的存在。它和它的模仿对象横带扁背鲀简直就像是一个模子里印出来的，不光是敌人，可能就连横带扁背鲀自己也察觉不出吧。

掩人耳目＝拟态

弓足梢蛛

我拟态是为了不引人注目！

玉条虎天牛

我拟态就是为了吸引大家的目光。

▌是掩人耳目，还是彰显自己的存在感

　　大多数拟态生物擅长的都是将自己隐藏起来，掩人耳目，即隐蔽型拟态。它们会伪装成叶子、岩石、花朵等，总之，是为"不引起别人的注意"。这样一来，它们不会轻易被发现，从而逃过敌方的虎口。

　　但是，与之相对的引人注目的拟态，也有发挥更大威力的时候，自卫型拟态便是如此。它们完美地"化身"模仿对象，并且要获得更多的目光。这一类拟态，如果不能引起周围的注意就没有任何意义。它们故意引人注目，营造出一种"我很危险，不要靠近……""我身上有毒……"的气氛，从而躲避危险。有很多擅长这类模仿的生物，不仅在外形上模仿得非常相似，连威吓的节奏、姿势都模仿得十分到位。

为了引人注目的拟态

锯尾单角鲀

黑星隐头叶甲

为了引人注目而拟态的生物也是存在的

为了掩人耳目的拟态

叶蟠

长身短肛棒蟠

拟态的世界里还有许多未解之谜

之前一直被认为是进攻型拟态，现在主流说法认为是隐蔽型拟态。

蟾蜍曲腹蛛

拟态的类型十分丰富，充满未知

除了前面介绍的三种主要的拟态类型外，还有许多其他类型的拟态。如"米勒型拟态"，即有毒生物拥有相似的体色、外形，以获得更多的生存机会。"拟死（假死）"即用装死的方法求得生存。还有自卫型拟态和米勒型拟态的结合，它们会伪装成比自己更加强大、更具毒性的体色相近的生物。也有将进攻型拟态和隐蔽型拟态结合起来的生物，它们隐藏自己，既免于被敌人发现，又顺便伏击猎物。虽说都是拟态，但种类复杂多样，或许还有许多人类尚未了解的拟态存在。

生命的构造充满了奥秘，还有许多未解之谜等着我们去解开，一起加油学习吧！

第一章

伪装成树叶

- ☐ 日本绿螽　　☐ 地衣螽斯
- ☐ 鞑靼园蛛　　☐ 角蝉
- ☐ 北部湾棱皮树蛙　☐ 矛翠蛱蝶幼虫
- ☐ 叶蟭　　☐ 拟斑脉蛱蝶幼虫

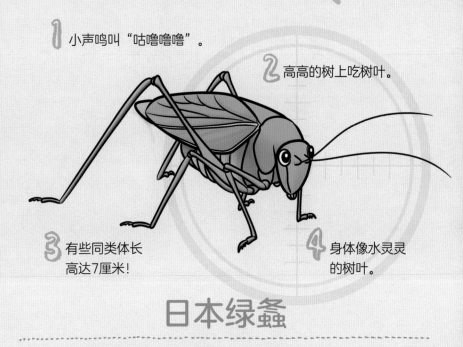

1 小声鸣叫"咕噜噜噜"。

2 高高的树上吃树叶。

3 有些同类体长高达7厘米!

4 身体像水灵灵的树叶。

日本绿螽

拟态 树叶　　相似指数 ★★★☆☆

🌿 日文名字来源于织布梭子

螽斯的一种,身体呈鲜艳的绿色,常见于中国、日本本州以南、东南亚等地。栖息在树上,融入树叶中以藏身。夜行性动物,夜间有时会靠近明亮处。

其日文名中的"Kudamaki",在日语里是梭子的意思,来源于与其形似的织布梭子。日本江户时期,对螽斯都如此称呼。

与其同类的兰屿大叶螽,是非常珍稀的品种,体长最高可以达到7厘米。

名片

● 生物名:日本绿螽
● 学名:*Holochlora japonica*
● 分类:昆虫纲直翅目螽斯科
● 体长:2~3厘米
● 体色:绿色
● 分布地:中国、日本本州以南、东南亚
● 栖息地:树上

Before
拟态前

大多在夜晚织网。

特征、特技

1 与苔藓融为一体，从而避免被袭击！

2 黑色斑纹是它的标识！

3 在园蛛里属于体形比较小的！

4 数量稀少！

名片

● 生物名：鞑靼园蛛
● 学名：*Araneus tartaricus*
● 分类：蛛形纲蜘蛛目园蛛科
● 体长：1～2.5 厘米
● 体色：淡绿色
● 分布地：中国、日本、土耳其、蒙古等
● 栖息地：生长着苔藓类植物的树林

After
拟态后

逃过可怕的敌人的眼睛了。

鞑靼园蛛

拟态 树叶　　相似指数 ★

静悄悄潜伏在苔藓中

　　这是一种园蛛，在同类里属于体形较小的。首次被人类发现时正潜伏在苔藓中，外形特征是背上的黑色斑纹。

　　为了避免被天敌发现，白天大多潜伏在苔藓中。一到夜晚，它们便开始织网，捕猎蝇、蛾等。

Before
拟态前

感受到危险时会装死。

特征、特技

1 利用凹凸不平的表皮掩人耳目！

2 生活在海拔800米以上的潮湿森林中！

3 不仅擅长掩人耳目，而且擅长装死！

4 性格很老实。

名片

● 生物名：北部湾棱皮树蛙
● 学名：*Theloderma corticale*
● 分类：两栖纲无尾目树蛙科
● 体长：6～8厘米
● 体色：绿色与深棕色
● 分布地：中国南部、越南北部
● 栖息地：河流附近的森林

After
拟态后

北部湾棱皮树蛙

拟态 树叶　相似指数 ★★★★☆

巧妙利用凹凸不平的身体。

❀ 精于掩人耳目和拟死的技巧派

　　这是一种十分珍稀的表皮布满凸起、性格十分温和的青蛙，栖息在海拔800米以上的潮湿森林中。体色与自然环境极为相似，加上身体的凹凸不平，足以迷惑敌人，保护自己。而且，一旦遭遇危险，便会蜷缩成球状假死，真是让人大吃一惊的技能！

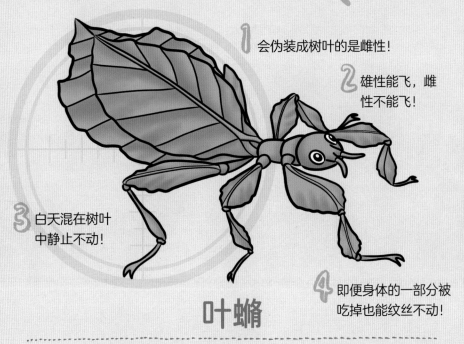

1　会伪装成树叶的是雌性！

2　雄性能飞，雌性不能飞！

3　白天混在树叶中静止不动！

4　即便身体的一部分被吃掉也能纹丝不动！

叶䗛

拟态　树叶　　相似指数 ★★★★★

🍃 形如其名，酷似树叶

　　只有雌性与树叶酷似，雄性和树叶可一点儿也不像。但是，雄性是可以飞的。

　　雌性的伪装技术相当高超，形如其名，简直就是树叶本叶，乍一看，根本看不出区别。如此，即便被敌人发现，它们也能快速躲避。

　　分布于亚洲热带地区。白天会藏在树叶中间一动不动；到了晚上，它们便出来活动。主要以树叶为食，但也会不小心咬到同类，因为太像树叶了，对此，它们也泰然自若。它们的生命力可真强啊！

名片

- ●生物名：叶䗛
- ●学名：*Phyllium pulchrifolium*
- ●分类：昆虫纲竹节虫目叶䗛科
- ●体长：6～8厘米
- ●体色：绿色
- ●分布地：亚洲热带地区
- ●栖息地：森林

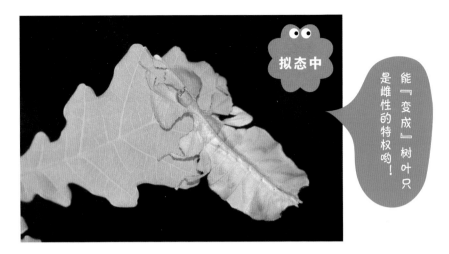

25

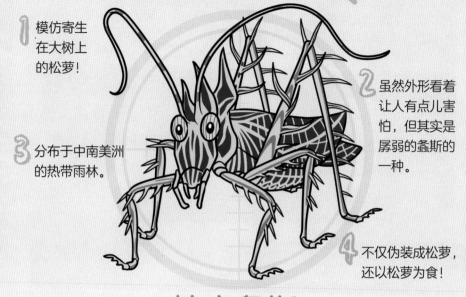

1 模仿寄生在大树上的松萝!

2 虽然外形看着让人有点儿害怕,但其实是屏弱的螽斯的一种。

3 分布于中南美洲的热带雨林。

4 不仅伪装成松萝,还以松萝为食!

地衣螽斯

拟态 **松萝** 相似指数 ★★★★☆

🌿 隐身不见的"自卫达人"

名字里的"地衣"是指寄生在大树上的向下生长的地衣类线状植物——松萝,地衣螽斯很擅长模仿这种植物。浑身带刺,看着让人有点儿害怕,其实很是屏弱。性格非常稳重,从来没人见过它与敌人战斗的样子,因为它总是伪装成松萝,将自己隐藏起来,可谓名副其实的"自卫达人"。

绝对的"食草系"动物,栖息在中南美洲的热带雨林中,以松萝及其同类为食。

名片

- ●生物名:地衣螽斯
- ●学名:*Markia hystrix*
- ●分类:昆虫纲直翅目螽斯科
- ●体长:10～15厘米
- ●体色:白绿色
- ●分布地:中南美洲的热带雨林
- ●栖息地:树上

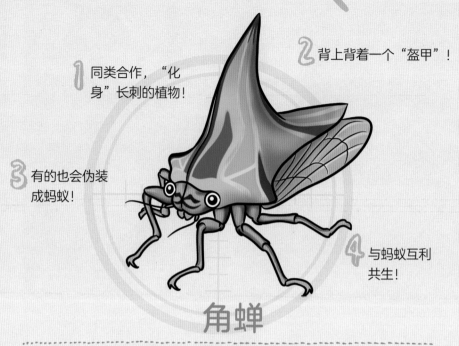

1 同类合作，"化身"长刺的植物！

2 背上背着一个"盔甲"！

3 有的也会伪装成蚂蚁！

4 与蚂蚁互利共生！

角蝉

（拟态）树叶 （相似指数）★★★☆☆

🍃 无敌的带刺阵容

　　角蝉的背上长着各种各样的"角"，酷似植物的刺或突起，它们巧妙地利用这个特点，"化身"植物的各个部位。它们也会与伙伴合作，排成一排，"化身"带刺的植物。

　　主食是植物汁液，会分泌蜜汁给蚂蚁吸食，投桃报李，蚂蚁也会保护它们，这种互利共生的行为是其典型特征，真是非常聪明的生存方式。

名片

- 生物名：角蝉
- 学名：*Membracidae*
- 分类：昆虫纲同翅目角蝉科
- 体长：1～1.2 厘米
- 体色：绿色
- 分布地：世界各地
- 栖息地：植物的茎或树干上

WANTED #007

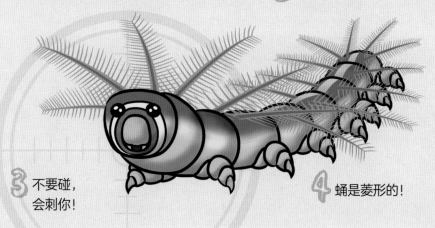

1 又叫"男爵毛毛虫"!

2 喜食杧果树叶!

3 不要碰，会刺你!

4 蛹是菱形的!

矛翠蛱蝶幼虫

拟态 树叶　相似指数 ★★★★★

完美拟态杧果树叶的毛毛虫

矛翠蛱蝶是蛱蝶的一种，也叫"杧果男爵蝴蝶"，所以矛翠蛱蝶幼虫也叫"男爵毛毛虫"。

喜食杧果树叶，并在周边生活。能够完美再现杧果树叶的叶脉，以至于让人完全分不出哪个是树叶，哪个是它。因此，想要找到它是很困难的。

如果不小心被它刺伤，"即便是成年人也会痛得哭出来"。因此，千万不要去碰它。它还有一个特别之处——蛹是菱形的。

名片

●生物名：矛翠蛱蝶
●学名：*Euthalia aconthea*
●分类：昆虫纲鳞翅目蛱蝶科
●体长：5～6厘米
●体色：绿色
●分布地：中国、印度、印度尼西亚、马来西亚等
●栖息地：植物

拟斑脉蛱蝶幼虫

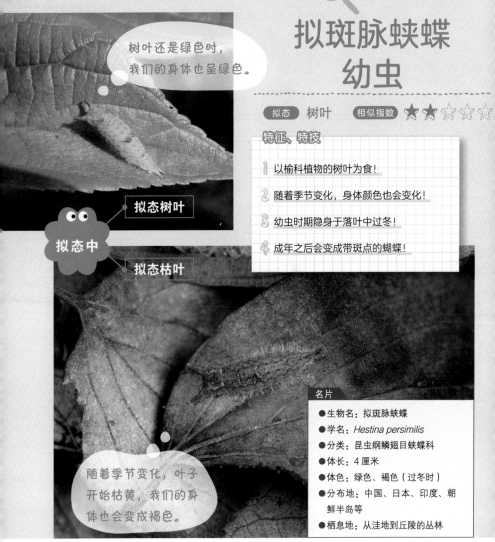

拟态　树叶　　相似指数 ★★☆☆☆

特征、特技

1. 以榆科植物的树叶为食!
2. 随着季节变化，身体颜色也会变化!
3. 幼虫时期隐身于落叶中过冬!
4. 成年之后会变成带斑点的蝴蝶!

树叶还是绿色时，我们的身体也呈绿色。

拟态树叶

拟态中

拟态枯叶

随着季节变化，叶子开始枯黄，我们的身体也会变成褐色。

名片

- ●生物名：拟斑脉蛱蝶
- ●学名：*Hestina persimilis*
- ●分类：昆虫纲鳞翅目蛱蝶科
- ●体长：4厘米
- ●体色：绿色、褐色（过冬时）
- ●分布地：中国、日本、印度、朝鲜半岛等
- ●栖息地：从洼地到丘陵的丛林

🍃 从绿叶到枯叶的拟态

　　拟斑脉蛱蝶幼虫会拟态成落叶，隐身其中越冬。在树叶还绿的时候，它们的身体也呈绿色；当树叶开始泛黄时，它们的身体也随之变成黄色；等到树叶完全枯萎，它们就会变成褐色。随着季节的变化改变身体的颜色，可真是厉害呀！成年之后，它们会变成带斑点的蝴蝶。

第二章　伪装成枯叶

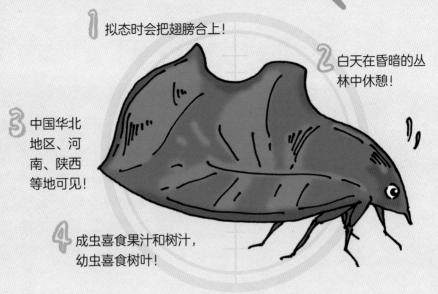

1 拟态时会把翅膀合上！

2 白天在昏暗的丛林中休憩！

3 中国华北地区、河南、陕西等地可见！

4 成虫喜食果汁和树汁，幼虫喜食树叶！

鸟嘴壶夜蛾

拟态 枯叶 **相似指数** ★★★★☆

可完美拟态枯叶的夜蛾

夜蛾的一种，常拟态成被虫吃过的枯叶。因其身体的颜色，在日本被称为"赤抉羽"，真是帅气的名字。

前翅上有红褐色的条纹，像是叶脉，合上翅膀，简直与枯叶如出一辙呢。夜行性动物，白天会躲在幽暗的树林里休息。

成虫喜食果汁和树汁，幼虫喜食葡萄、防己科植物等的树叶。我国大部分地区可见，朝鲜半岛和日本也有它们的身影。

名片

- ●生物名：鸟嘴壶夜蛾
- ●学名：*Oraesia excavata*
- ●分类：昆虫纲鳞翅目夜蛾科
- ●体长：4～5厘米（翅展宽度）
- ●体色：褐色
- ●分布地：中国、日本、朝鲜半岛
- ●栖息地：森林

1 不仅能"变身"枯叶，就连树皮也能变！

2 仅凭后腿就能挂在树上！

3 最喜欢吃小虫子！

4 大小在7～10厘米！

叶尾壁虎

拟态 枯叶 相似指数 ★★★★★

连人类都害怕的"恶魔使者"

栖息于非洲大陆东南边海上岛国马达加斯加的森林里，仅凭后腿就能挂在树上，"变身"枯叶和树皮，把自己藏起来。它们之中有的连树叶上的虫眼都能模仿，真的让人大吃一惊。

有些同类体长可超过30厘米，叶尾壁虎的体长在7～10厘米，属身形最小的种类。

夜行性动物，喜食昆虫、小型爬行动物等。当地人都很怕它，称之为"恶魔使者"。

名片

- ●生物名：叶尾壁虎
- ●学名：*Uroplatus phantasticus*
- ●分类：爬行纲有鳞目壁虎科
- ●体长：7～10厘米
- ●体色：褐色、黄褐色、黑褐色
- ●分布地：马达加斯加东部（独有品种）
- ●栖息地：森林

特征、特技

1 幼虫很能唬人！

2 翅膀合上后，真像一片枯叶！

3 是人类讨厌的"果园终结者"！

4 夜行性动物。

看吧看吧，我很强的！

拟态中

幼虫

名片

- 生物名：艳叶夜蛾
- 学名：*Eudocima Salaminia*
- 分类：昆虫纲鳞翅目夜蛾科
- 体长：9～10厘米（翅展宽度）
- 体色：棕色
- 分布地：中国、日本等
- 栖息地：从洼地到丘陵的丛林

长大之后完全安静下来了。

拟态中

成虫

艳叶夜蛾

拟态 枯叶　相似指数 ★★★★★

拥有两种不同的拟态方式

幼虫时，身上有眼形斑，很能唬人；成虫后，会扮成枯叶。分布在中国、日本等地。

夜行性动物，喜食柑橘、苹果、葡萄、桃、梨等香甜味浓的果实，会给果园造成巨大破坏，让人痛恨不已。

腹部和脚上的条纹很引人注目啊。

Before
拟态前

名片

- ●生物名：尖雨蛙
- ●学名：*Hyla calcarata*
- ●分类：两栖纲无尾目雨蛙科
- ●体长：8～10厘米
- ●体色：绿色、棕色
- ●分布地：中南美洲
- ●栖息地：树上

特征、特技

1 腹部和脚上有淡紫色的条纹！

2 拟态时身体缩成一团，只能看到它的背部！

3 踝关节朝向身体后侧，像是树叶尖！

4 在日本也叫"囚徒雨蛙"！

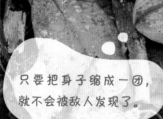

只要把身子缩成一团，就不会被敌人发现了。

After
拟态后

尖雨蛙

拟态　枯叶　　相似指数 ★☆☆☆☆

🪶 能将身体的醒目部位瞬间隐藏起来的"天才"

　　一种生活在中南美洲的树上的体形中等的蛙，腹部和脚上有鲜明的淡紫色条纹，这一标签十分显眼，为了防止被敌人发现，拥有巧妙的技能：将身体缩成一团，只露出背部，活像一片枯叶。可真是随机应变的"忍术"啊。

　　在日本，它还有一个名字——囚徒雨蛙，是很受欢迎的观赏型动物。

成虫（秋天） Before 拟态前

平时我可是很华丽的哟！

正在冬眠，请不要和我讲话！

After 拟态后

黄钩蛱蝶

拟态 枯叶 相似指数 ★★★★☆

特征、特技

1 成虫在夏天的形态和秋天不一样！

2 翅膀内侧为红褐色，像枯叶一样！

3 喜食花蜜、树汁及腐烂的果实！

4 越冬时也会拟态。

名片
- ●生物名：黄钩蛱蝶
- ●学名：*Polygonia c-aureum*
- ●分类：昆虫纲鳞翅目蛱蝶科
- ●体长：4.5 ~ 6.5 厘米（翅展宽度）
- ●体色：黄色、橙色
- ●分布地：中国、日本、朝鲜、蒙古、越南、俄罗斯
- ●栖息地：草地及河滩

成虫越冬时会"化身"枯叶

　　成虫在夏天的形态与秋天迥异。夏季是低调的黄色，边缘和身上的斑点偏黑；秋季呈鲜艳的金黄色，边缘是很淡的褐色，黑色的斑点也很小。越冬时会拟态。翅膀内侧为红褐色，那是为了混进枯叶不被发现，从而保护自己。

　　以花蜜、树汁及腐烂的果实为主食。中国大部分地区可见,日本、俄罗斯、越南等国也有。

Before
拟态前

盾吻古鳄

拟态 枯叶　　相似指数 ★★★☆☆

哈哈哈，我的猎物马上要出现了。

一定不能错失良机啊。

©Daniel Heuclin/Nature Production/amanaimages

After
拟态后

第二章 ▶ 伪装成枯叶

特征、特技

1. 利用凹凸不平的鳞片和黑色斑点"表演"枯叶！

2. 用巨大的下颚将猎物——鱼一口吞掉！

3. 在河流周边布下天罗地网！

4. 现存鳄鱼里最小的一种！

名片

- ●生物名：盾吻古鳄
- ●学名：*Paleosuchus palpebrosus*
- ●分类：爬行纲鳄目短吻鳄科
- ●体长：120～170 厘米
- ●体色：棕色、黑褐色
- ●分布地：南美洲东北部
- ●栖息地：森林里的河流和小溪

🖋 地道的小个子"猎人"

又称矮鳄鱼、居氏侏儒凯门鳄，但如果因为名字就以为它是很可爱的动物，那你就大错特错了。背部凹凸不平，且有黑色的斑点，因此，它能巧妙地融入河畔的泥土和落叶中隐藏起来，等待猎物的出现。一旦猎物进入自己的势力范围,它便会张开大口，将其一咬而尽。

虽是鳄鱼里最小的一种，但毕竟是肉食性动物，可真是不想遇见它。

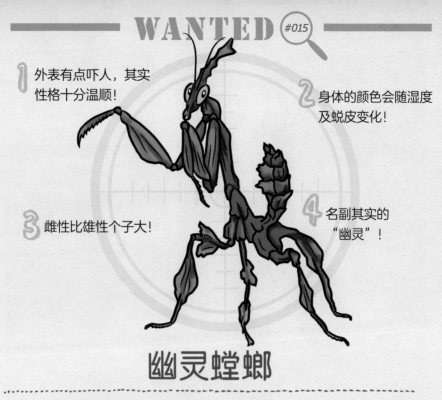

1 外表有点吓人，其实性格十分温顺！

2 身体的颜色会随湿度及蜕皮变化！

3 雌性比雄性个子大！

4 名副其实的"幽灵"！

幽灵螳螂

拟态 枯叶　　相似指数 ★★☆☆☆

令人毛骨悚然的幽灵螳螂

外形有点恐怖，像是恶魔的使者或是幽灵一般，因此得名"Ghost mantis（幽灵螳螂）"。

但是，这种螳螂与它给大家的印象不同，它体形较小，性格也相对温顺。知道这一点后，是不是觉得它也有点可爱了呢？

生活在非洲大陆的低矮草木丛中，"化身"枯叶，食蝗虫和蜘蛛。会随着湿度的变化及蜕皮改变身体的颜色，还有偏白色的品种哟。

名片

- 生物名：幽灵螳螂
- 学名：*Phyllocrania paradoxa*
- 分类：昆虫纲螳螂目花螳科
- 体长：4～5厘米
- 体色：枯黄色等
- 分布地：肯尼亚、坦桑尼亚、加纳、喀麦隆等非洲各地
- 栖息地：低矮的草木丛

啊，你可以不
用那么怕我。

Before
拟态前

有人来了，
快躲起来！

After
拟态后

1 合上翅膀，"变身"枯叶！

2 每只枯叶蛱蝶翅膀上的花纹都不一样！

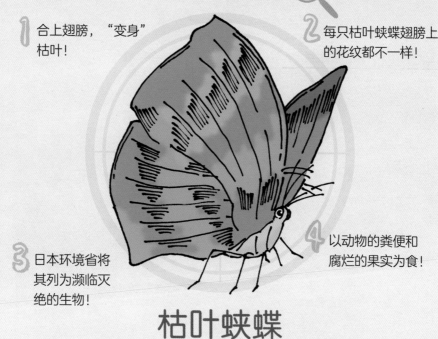

3 日本环境省将其列为濒临灭绝的生物！

4 以动物的粪便和腐烂的果实为食！

枯叶蛱蝶

拟态 枯叶　相似指数 ★★★★★

形似枯叶的稀有动物

一种十分美丽的蝴蝶，翅膀张开时绚丽多彩。但是，一旦合上翅膀，会瞬间"变成"一片"枯叶"。这般出神入化的"变身术"，怕是孙悟空也要惊叹一声吧。

稀有物种，数量正在不断减少，日本环境省将其列为濒临灭绝的物种。在中国，它也是一种罕见的动物。所以，如果发现了它，千万不能捕捉哦。

就连喜欢吃的食物也与众不同，喜食动物的粪便，以及腐烂的果实，是不是很让人吃惊呢？

名片

- 生物名：枯叶蛱蝶
- 学名：*Kallima inachus*
- 分类：昆虫纲鳞翅目蛱蝶科
- 体长：4～5厘米（翅展宽度）
- 体色：棕色（翅膀张开时为鲜艳的蓝色、橘色等）
- 分布地：中国、印度、日本及东南亚等国
- 栖息地：湿润繁茂雨林里的灌木丛和河床两岸，潮湿的阔叶林

我最自豪的，就是绚丽多彩的翅膀。

"变身"之后，所有人都不会发现我。

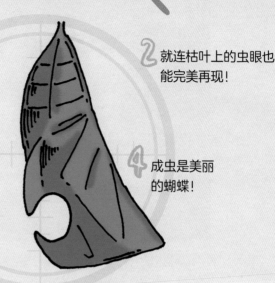

1 以枯叶似的蛹的形态安静越冬！

2 就连枯叶上的虫眼也能完美再现！

3 数量正不断减少，在有些地方已经成为濒临灭绝的物种！

4 成虫是美丽的蝴蝶！

电蛱蝶蛹

拟态 枯叶 **相似指数** ★★★★☆

✒ 酷似"本尊"的完美拟态

电蛱蝶的拟态是在其还是蛹的时候进行的。它会"化作"一片"枯叶"，倒挂在树枝上越冬，安静地等待，变成成虫。拟态时，就连枯叶的叶脉和虫眼都能完美再现，酷似"本尊"，是实实在在的完美拟态。

喜食树汁、成熟的果实、动物的粪便。因其栖息的丛林正在变少，所以近年来，它的数量也在不断变少，很多地区将其列为濒临灭绝的物种。

名片
- 生物名：电蛱蝶
- 学名：*Dichorragia nesimachus*
- 分类：昆虫纲鳞翅目蛱蝶科
- 体长：3.2 ～ 4.4 厘米（翅展宽度）
- 体色：棕色（蛹）
- 分布地：东亚、东南亚
- 栖息地：从洼地到丘陵的丛林

拟态中

变成成虫之前，保持"变身"状态，静待时机。

成虫

没被敌人袭击，我顺利地长大啦！

Before
拟态前

有设有什么好吃的啊？

After
拟态后

藏在这里，等待猎物到来。

名片

- ●生物名：地龟
- ●学名：*Geoemyda spengleri*
- ●分类：爬行纲龟鳖目龟科
- ●体长：11.5～13厘米
- ●体色：红褐色至棕色
- ●分布地：中国、越南
- ●栖息地：从山地到丘陵的森林

地龟

拟态 枯叶 相似指数 ★☆☆☆☆

🪶 不会游泳但擅长模仿

一种生活在中国南部、越南的森林里的陆生动物，不会游泳。必杀技是利用甲壳上的棱伪装成落叶。以蚯蚓、昆虫、植物、水果等为食。

雄性的眼睛呈白色或灰色，雌性的眼睛呈黄色或红色。与日本的珍稀动物"日本地龟"相似，但是不同的物种。濒危，为中国二级重点保护野生动物。

拟态中

是卷起来的枯叶，不是虫子哟。

核桃美舟蛾

拟态 枯叶　相似指数 ★★★★★

特征、特技

1. 翅膀上分布有暗褐色横纹！

2. 看起来像是一片卷起来的枯叶！

3. 分布于中国、日本、朝鲜。

4. 幼虫吃核桃，成虫不吃东西。

名片

- ●生物名：核桃美舟蛾
- ●学名：*Uropyia meticulodina*
- ●分类：昆虫纲鳞翅目舟蛾科
- ●体长：4.8～5.9厘米（翅展宽度）
- ●体色：棕色
- ●分布地：中国、日本、朝鲜
- ●栖息地：从山地到平原

翅膀上的花纹像是艺术品

这种动物最突出的一点，就是翅膀上暗褐色的横条纹。因此，无论怎么看，都像是一片卷起来的枯叶。仅凭这一点，就能骗过大部分人的眼睛。中国、日本、朝鲜均有分布。

幼虫时期吃核桃，然后作茧化蛹越冬，长成成虫之后就不吃东西了，依靠之前储存的营养维持生命直至死亡。

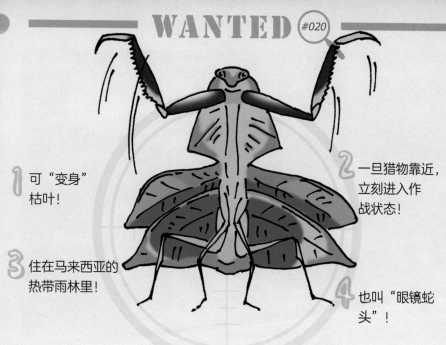

1 可"变身"枯叶!

2 一旦猎物靠近，立刻进入作战状态！

3 住在马来西亚的热带雨林里！

4 也叫"眼镜蛇头"！

眼镜蛇枯叶螳螂

拟态 枯叶 **相似指数** ★★★★☆

性格凶残的伏击猎手

这是一种性格凶残的螳螂，因其展翅迎敌时，酷似眼镜蛇蛇头，也叫"眼镜蛇头"。常混在枯叶中，等待猎物送上门来。一旦猎物靠近，它会突然张开左右捕捉足（前足），猛地扑上去。这是十分可怕的，一旦被抓，猎物将不堪一击。

虽然背部呈朴素的棕色，但是腹部红黑相间，看起来非常震撼。

分布在马来西亚，还有勾背枯叶螳螂等众多同类。

名片

- ●生物名：眼镜蛇枯叶螳螂
- ●学名：*Deroplatys truncata*
- ●分类：昆虫纲螳螂目枯叶螳科
- ●体长：7～8厘米
- ●体色：棕色
- ●分布地：马来西亚
- ●栖息地：热带雨林

拟态中

嘿嘿嘿，快过来，让我把你吃掉。

看不出来吧，这是我的陷阱哦！

拟态前

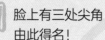

1 脸上有三处尖角，由此得名！

2 连枯叶的叶脉和虫眼都能完美再现！

3 白天不动，晚上出动！

4 主食是昆虫，有时也吃其他的蛙！

三角枯叶蛙

拟态 枯叶　相似指数 ★★★☆☆

🍂 背部的质感简直就是枯叶本叶

眼睛及嘴巴上方共有三个角，因此得名"三角枯叶蛙"。每只三角枯叶蛙后背的花纹不尽相同，有些可以完美再现枯叶的叶脉和虫眼，从背面看，没人会觉得这是一只蛙。

栖息在马来西亚、印度尼西亚等东南亚地区的森林中。典型的夜行性动物，白天躲在落叶里一动不动，夜间出行，捕食昆虫等，听说还有同类相食的馋鬼。

名片

- 生物名：三角枯叶蛙
- 学名：*Megophrys nasuta*
- 分类：两栖纲无尾目角蟾科
- 体长：7～14厘米
- 体色：棕色
- 分布地：印度尼西亚、马来西亚等东南亚地区
- 栖息地：靠近溪流的森林

53

1 不仅颜色，就连姿势、体态也与树叶神似！

3 骗过小鱼和甲壳类动物，迅速将它们吞食！

2 大多数是头朝下游。

4 也叫"枯叶鱼"！

多棘单须叶鲈

拟态 枯叶　相似指数 ★★★★☆

在水中游荡，搜寻猎物

　　也叫"枯叶鱼"。身体扁平，头吻尖锐，呈不太显眼的褐色，与枯叶酷似，漂浮在水上时，你一定不会觉得这是一条鱼。可以说，它真是水中的"拟态之王"。

　　一般头朝下，不动声色地游荡；有时又混在真的枯叶中一动不动。所以，可以成功地骗过所有人的眼睛。那些毫不知情的小鱼、甲壳类动物一旦靠近，便会被它以迅雷不及掩耳之势吞掉。

名片
- ●生物名：多棘单须叶鲈
- ●学名：*Monocirrhus polyacanthus*
- ●分类：辐鳍鱼纲鲈形目叶鲈科
- ●体长：8～10厘米
- ●体色：褐色等
- ●分布地：亚马孙河和南美洲北部
- ●栖息地：河流

Before
拟态前

平时就在『装死』。

After
拟态后

当与枯叶一起出现时，谁也不会发现我。

专栏① 我们去看看拟态生物吧

拟态生物是神奇的、美丽的、招人喜爱的……对它了解越多，你会越发感觉到它们的魅力所在，甚至想要亲眼看看它。拟态生物广泛分布于森林、草原、海洋，如果运气好的话，说不定什么时候就能遇上它们。

不过，看真实的拟态动物最省事的办法，还是去动物园、昆虫馆、水族馆、博物馆、科技馆，只要尝试着去探索，就会发现很多地方都有展示拟态生物。特别是昆虫馆，那里是拟态生物的宝库。那些擅长装扮成树叶和枯叶的家伙们，都在期待着大家的到来呢。日本东京多摩动物园里的昆虫园、大阪箕面公园昆虫馆等，都十分有名。

在"拟态生物展"中，这本书中出现过的生物都有展出。

（※ 照片中的大楼是日本东京的太阳城）

第三章 伪装成树干

- ☐ 白脸角鸮
- ☐ 桦尺蛾
- ☐ 钩线青尺蛾幼虫
- ☐ 枝蝗
- ☐ 柿癣皮夜蛾
- ☐ 大林鸮
- ☐ 长耳鸮
- ☐ 长身短肛棒䗛
- ☐ 黄苇鳽

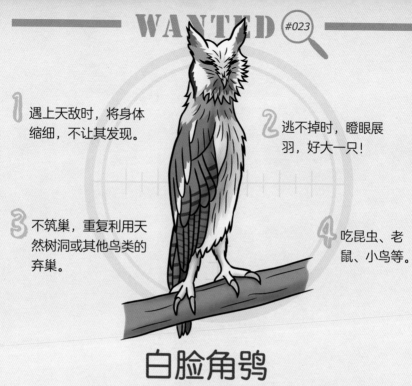

1 遇上天敌时，将身体缩细，不让其发现。

2 逃不掉时，瞪眼展羽，好大一只！

3 不筑巢，重复利用天然树洞或其他鸟类的弃巢。

4 吃昆虫、老鼠、小鸟等。

白脸角鸮

拟态 树枝　　相似指数 ★★☆☆☆

改变体态，变守为攻

一种生活在撒哈拉沙漠以南的非洲大陆的猫头鹰，灰白色的羽毛上有斑状花纹。一旦察觉敌人靠近，身体便马上变细，"化身"树枝。

逃不掉了！这时，它会反过来胀大身体，使自己看起来很是强大。这是穷途末路时的奋力一搏。

自己不筑巢，而是重复利用乌鸦、鹰的弃巢，或是住在天然树洞里，真是懒惰又聪明啊。

名片

● 生物名：白脸角鸮
● 学名：*Ptilopsis leucotis*
● 分类：鸟纲鸮形目鸱鸮科
● 体长：19 ～ 24 厘米
● 体色：灰色、白色
● 分布地：撒哈拉沙漠以南的非洲大陆
● 栖息地：开阔的树林、灌木林等

©日本挂川花鸟园

1 拟态白桦等偏白色树木的树枝。

2 整体灰白，翅上有暗黑色斑纹。

3 张开翅膀时，翅展接近5厘米，属于中等大小的蛾。

4 生物进化专业的学生必学的品种！

桦尺蛾

拟态 树枝　　相似指数 ★★★☆☆

工业革命时期也有偏黑色的品种

灰白色品种居多。工业革命时期的英国，因为工业污染，导致周围的树干变黑，为了适应环境，黑色桦尺蛾出现并占据主导。它是适应环境变化的代表，是生物进化专业的学生必学的品种。

随着环境的改善，黑色的品种逐渐消失，现在的桦尺蛾基本都是白色的。这正好诠释了"生命的神秘"。

名片
- ●生物名：桦尺蛾
- ●学名：*Biston betularia*
- ●分类：昆虫纲鳞翅目尺蛾科
- ●体长：3.8～5厘米（翅展宽度）
- ●体色：灰白色
- ●分布地：世界各地均有分布
- ●栖息地：海拔较高的山地

设有危险的话，
我就不变身了。

Before
拟态前

这样一来，就算有
敌人靠近也不怕了。

After
拟态后

特征、特技

1. 长大过程中很像树芽。

2. 初夏时拟态成新芽，冬天拟态成冬季的树芽。

3. 幼虫吃植物，成虫吸食花蜜。

4. 可以在内蒙古、湖北、湖南等地看到。

差不多该为变成大人作点准备了。

Before 拟态前

After 拟态后

名片

- 生物名：钩线青尺蛾
- 学名：*Geometra dieckmanni*
- 分类：昆虫纲鳞翅目尺蛾科
- 体长：2～3厘米
- 体色：绿色
- 分布地：中国、俄罗斯、日本、朝鲜半岛
- 栖息地：从平原到丘陵的树林周围

怎么样，分不出哪个是树芽，哪个是我吧？

钩线青尺蛾幼虫

拟态　树芽　相似指数 ★★★☆☆

随季节变化更换拟态类型

这种动物在幼虫时期拟态，初夏时会伪装成新芽，随着季节的变迁，冬季会拟态成冬季的树芽。最值得一提的是，它能跟随树芽的生长，一边脱皮一边模仿。它从小便开始拟态，直到长成成虫。这样高超的技艺，就算专业模仿达人，也要甘拜下风吧。

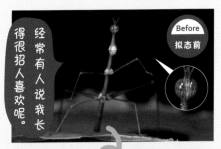

特征、特技

1. 虽是蝗虫，却酷似竹节虫！

2. 翅膀退化，基本不会飞！

3. 从颜色到质感，完美再现树枝！

4. 大的品种身体有20厘米那么长！

Before 拟态前

经常有人说我长得很招人喜欢呢。

After 拟态后

目前为止，拟态时还没有被人发现过。

名片
- 生物名：枝蝗
- 学名：*Proscopiidae*
- 分类：昆虫纲直翅目枝蝗科
- 体长：15 厘米
- 体色：绿色、棕色等
- 分布地：南美洲热带地区
- 栖息地：热带森林

枝蝗

拟态 树枝　相似指数 ★★★★★

第三章 伪装成树干

拟态完成度"超过本尊"

一种生活在南美洲热带森林中的蝗虫，但是翅膀已经退化，基本飞不起来。虽说是蝗虫，但是外表看起来很像竹节虫。体形较大，有超过 20 厘米的巨大品种。

如图所示，从形状、颜色、纹路到质感，从头到尾都与树枝一模一样，可以说是"超过本尊"的拟态了。

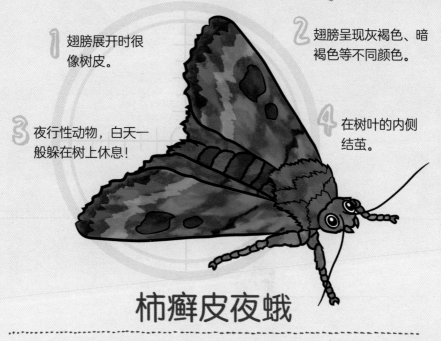

1 翅膀展开时很像树皮。

2 翅膀呈现灰褐色、暗褐色等不同颜色。

3 夜行性动物，白天一般躲在树上休息！

4 在树叶的内侧结茧。

柿癣皮夜蛾

(拟态) 树皮　(相似指数) ★★★☆☆

形如其名，擅长模仿

形如其名，最擅长的就是伪装成树皮。翅膀呈现灰褐色、暗褐色等颜色，会附着在跟自己体色相近的树干上，将自己隐藏起来。翅膀全部张开时，更具树皮的质感。乍一看，是绝对发现不了它的。

夜行性动物，白天休息。会在树叶的内侧结茧成蛹。幼虫喜食柿科植物，至于成虫喜欢吃什么，至今仍是个谜。

名片

- ●生物名：柿癣皮夜蛾
- ●学名：*Blenina senex*
- ●分类：昆虫纲鳞翅目夜蛾科
- ●体长：3.8～4 厘米（翅展宽度）
- ●体色：暗褐色、灰褐色等
- ●分布地：中国、日本
- ●栖息地：丛林、果园等

1 瞪着圆溜溜的眼睛，能发出怪兽般的叫声。

2 白天，半睡半醒着静静地"变身"树枝。

3 晚上，出动捕食！

4 自然界中少见的一夫一妻制执行者。

大林鸮

拟态 **树枝**　相似指数 ★★★★★

外表给人以强烈冲击的鸟

至今，我的脑海里还能浮现出它圆溜溜的大眼睛，还有那张能发出怪兽般叫声的嘴，真是让人印象深刻。生活在中南美洲的森林中，是林鸮的一种。白天，半闭着眼睛，利用身上的花纹，伪装成树枝一动不动。夜晚，才会出来活动，瞄准飞翔的昆虫，时机一到，血盆大口一张，美味就到嘴啦。

坚定地执行一夫一妻制，共同抚养后代，爸爸们个个都是育儿小能手哟。

名片

- ●生物名：大林鸮
- ●学名：*Nyctibius grandis*
- ●分类：鸟纲夜鹰目林鸮科
- ●体长：21 ~ 58 厘米
- ●体色：棕色、灰褐色等
- ●分布地：中、南美洲，亚洲部分地区
- ●栖息地：森林

外表可真是吸引人啊！

Before
拟态前

After
拢态后

天一亮便停止活动（安稳入睡状）。

67

1 身体羽毛与树干、树皮非常相似。

2 一旦感受到敌人靠近，便伸直了身体"化身"树干。

3 脑袋上竖起来的不是耳朵，而是耳羽簇。

4 张开翅膀的话能达到100厘米！

长耳鸮

拟态 **树干**　相似指数 ★☆☆☆☆

▌ 非常受欢迎的猫头鹰

非常常见的猫头鹰品种。身体羽毛与树干、树皮非常相似，以便伪装。

夜行性动物，白天几乎都躲在树林中睡觉。听力非常灵敏，能及时察觉到敌人的靠近。一旦发现敌人靠近，会立马将身体纵向伸长，"化身"树干，隐藏自己。

头上竖起来的部分看起来像是耳朵，其实是耳羽簇，能随着情绪变化和生存需要竖起和放下。

以鼠、鸟、昆虫等为食。中国国家二级保护动物。

名片

- ●生物名：长耳鸮
- ●学名：*Asio otus*
- ●分类：鸟纲鸮形目鸱鸮科
- ●体长：35～40厘米
- ●体色：灰褐色、棕色等
- ●分布地：世界各地
- ●栖息地：针叶林、阔叶林等森林

Before
拟态前

像树干、树皮一样的羽毛是我们的特征。

这种羽毛帮助我们在扮作树干时更逼真。

After
拟态后

69

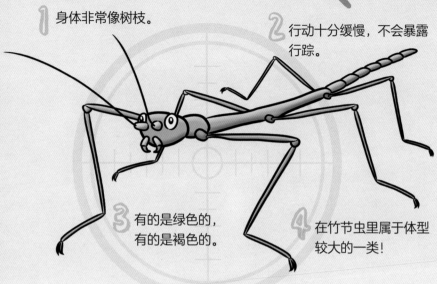

1 身体非常像树枝。

2 行动十分缓慢，不会暴露行踪。

3 有的是绿色的，有的是褐色的。

4 在竹节虫里属于体型较大的一类！

长身短肛棒䗛

拟态 树枝　　相似指数 ★★★★★

▌ 形如其名的神奇昆虫

䗛也称竹节虫，外形非常像竹节，加之行动非常缓慢，所以很难被发现。体色主要是绿色、褐色，也会随着环境的变化，变深或变浅。

在我国主要分布在湖北、云南、贵州等省，以树叶为食，会危害植物。

名片

- 生物名：长身短肛棒䗛
- 学名：*Baculum elongatum*
- 分类：昆虫纲竹节虫目竹节虫科
- 体长：6～10厘米
- 体色：绿色、深褐色等
- 分布地：热带、亚热带地区
- 栖息地：高山、密林

1 生活在芦苇繁茂的湿地里。

2 一旦有人靠近，伸长头颈，静止不动！

3 雌性从头部到胸部有竖条纹！

4 低空飞行！

黄苇鳽

拟态 树枝或草　**相似指数** ★★☆☆☆

▌令人惊讶的忍耐力——保持一个姿势不动

一种生活在芦苇丛里的鹭。为了不被敌人发现，它们会低空飞行，捕食生活在水边的昆虫和鱼类。

幼鸟全身、雌性成年鸟从头部到胸部，都有竖条纹。一旦有人类靠近，它便伸长脖子，装成草木，仰望天空，纹丝不动。真是令人惊讶的忍耐力啊。

因为喜欢低空飞行，所以巢不筑在高处，而置于距水面不高的芦苇秆上，以芦苇叶编织而成，比较简陋。

名片

- ●生物名：黄苇鳽
- ●学名：*Ixobrychus sinensis*
- ●分类：鸟纲鹳形目鹭科
- ●体长：35～40 厘米
- ●体色：褐色
- ●分布地：世界各地
- ●栖息地：湖沼、河流等的芦苇丛中

一般不在高空飞行，以防敌人发现。

Before
拟态前

After
拟态后

好像有人来了！

我们来投喂拟态生物吧

通过本书，你可以认识很多拟态生物。你也可以去博物馆、科技馆、动物园、昆虫馆、水族馆以及展览等，看到真实的它们。但或许不仅如此，你也会想饲养一只，真实地感受生物的神奇吧。

饲养动物是很辛苦的，既需要金钱也需要场所，更重要的是负责任的态度。再者，不是说一句"我想养"就能养的，像长耳鸮（p68）这样的国家保护动物、非本国物种，以及只能生活在水箱或温室里的动物，都是无法在家饲养的哦。喜爱动物，更要保护动物。让它们自由自在地生活在大自然里，才是最好的保护。另外，如果发现外来物种，一定要及时报告上级部门，保护环境，人人有责。

多棘单须叶鲈是肉食性动物，如果把小鱼和它放在一个鱼缸里，小鱼会很危险。

第四章 伪装成陆地上的景物

☐ 柳雷鸟

☐ 弓足梢蛛

☐ 疣蝗

☐ 变色龙

☐ 曲纹绿翅蛾幼虫

☐ 河原蝗

☐ 得州角蜥

☐ 兰花螳螂

☐ 侏丛螳

正常状态下全身呈红褐色。

特征、特技

1 羽毛为红褐色，尤其脖子往上特别深。

2 一到冬季羽毛会变成白色！

3 身体埋进雪里，消失不见了！

4 植食性，很少吃昆虫。

名片

- ●生物名：柳雷鸟
- ●学名：*Lagopus lagopus*
- ●分类：鸟纲鸡形目松鸡科
- ●体长：35 ～ 37 厘米
- ●体色：红褐色、白色等
- ●分布地：北美大陆北部和亚欧大陆北部
- ●栖息地：森林、冻原

变成雪白的冬季模式。那么，在哪里藏身好呢？！

柳雷鸟

拟态 雪　相似指数 ★☆☆☆☆

❉ 只在雪乡才会出现的特殊拟态

　　平时，羽毛为红褐色，尤其脖子往上，特别是眼睛四周非常红。但是，一到冬季，它的羽毛就会变成白色。如果身处皑皑白雪之中，便开始发挥自己的特长：将自己"埋"进雪里，完全与之融为一体。如果下暴风雪的话，你一定发现不了它。

　　植食性动物，很少吃昆虫。

拟态中

哈哈哈，完全落入我的圈套了。

弓足梢蛛

拟态 花　相似指数 ★★☆☆☆

特征、特技

1. 根据背景调整身体颜色。

2. 变色是由视觉引发的！

3. 栖息于雏菊、向日葵等花上。

4. 体形很小，张开双腿也只有0.5～1厘米。

名片

- 生物名：弓足梢蛛
- 学名：*Misumena vatia*
- 分类：蛛形纲蜘蛛目蟹蛛科
- 体长：0.5～1厘米
- 体色：黄色（根据花的颜色变换身体颜色）
- 分布地：全北区
- 栖息地：日照好的山地、草原

✽ 在黄色和白色之间切换自如

这种蜘蛛有一种特异功能——根据所栖息的花的颜色变换自己身体的颜色：白色的花，那就变成白色；黄色的花，则变成黄色。调整体色，将自己融进花丛中，是为了等待蚁、蜂等猎物的靠近。真是太不可思议了！

一般能在雏菊、向日葵等花丛中看到它。

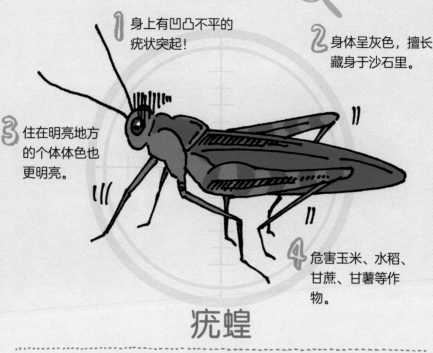

1 身上有凹凸不平的疣状突起!

2 身体呈灰色,擅长藏身于沙石里。

3 住在明亮地方的个体体色也更明亮。

4 危害玉米、水稻、甘蔗、甘薯等作物。

疣蝗

拟态 地面　相似指数 ★★☆☆☆

✱ 体形较小,可与地面融为一体

一种体形较小的东亚飞蝗,我国许多地区都能见到。因其身上的疣状突起而得名。草食性动物,多隐藏于草丛中,有时也在人类居住的地方出现。会巧妙利用自己灰色的身体,"化身"沙石地面。大家可一定注意脚下,不要踩到它。

此外,朝鲜半岛和日本部分地区也有分布。住在明亮地方的个体体色也更明亮。

名片

● 生物名:疣蝗
● 学名:*Trilophidia annulata*
● 分类:昆虫纲直翅目蝗科
● 体长:1.8 ～ 3.5 厘米
● 体色:黄褐色、暗灰色等
● 分布地:中国、朝鲜半岛、日本
● 栖息地:草丛等

1 可因各种原因变换身体的颜色！

2 通过改变身体的颜色来调节体温！

3 用四条腿和脚趾以及尾巴抓住树枝！

4 伸出长长的舌头，吞食昆虫！

变色龙

(拟态) 背景色等　　(相似指数) ★★★☆☆

✳ 变色动物界的"狮子王"

在变色动物界里，名声最响的当属变色龙了吧。"变色龙"是爬行纲避役科动物的统称，一共有两百多种，种类之多令人咋舌。绝大部分分布于非洲，食昆虫而生。

据说变色龙变色的理由有很多，不只是为了伪装，还为了调节体温、示威警告、传递信息等，不愧是变色动物界的"狮子王"。它还有一项独特的技能，那就是两眼可以独立地转动。

名片
- 生物名：变色龙
- 学名：*Chamaeleonidae*
- 分类：爬行纲蜥蜴目避役科
- 体长：3～70 厘米
- 体色：视情况而变
- 分布地：非洲
- 栖息地：树上

1 幼虫时期会拟态，能扮作各种各样的花！

3 日文名字直译过来就是"变装的尺蠖"！

2 利用花瓣伪装自己！

4 成虫的翅膀上有白色波纹。

曲纹绿翅蛾幼虫

拟态 花　相似指数 ★★★★☆

✾ 配合花的形状和颜色变换自如

曲纹绿翅蛾幼虫时期又被称为尺蠖，擅长扮作花朵。

伪装技术十分高超，能够根据花的形状和颜色自由拟态。必杀技是将花瓣截取下来，吐丝将其粘在自己的背部。真是妙极了！虽是幼虫，可也不要小瞧了它哟。

成虫的翅展宽度也不过 2～3 厘米，属于小型昆虫。成长为成虫后，翅膀上有白色波纹。

名片

● 生物名：曲纹绿翅蛾
● 学名：*Synchlora aerata*
● 分类：昆虫纲鳞翅目尺蛾科
● 体长：2～3 厘米
● 体色：绿色、茶褐色等
● 分布地：北美洲
● 栖息地：灌木丛或花上

Before
拟态前

特征、特技

1 栖息于布满石子的河滩上。

2 不仅身体，就连四肢都是灰色的。

3 飞起来时蓝色的后翅很美。

4 植食性动物，有时也会捕食昆虫。

要是在这儿的话，肯定会被发现吧。

After
拟态后

但是，如果在这儿，一定不会被发现。

名片

- ●生物名：河原蝗
- ●学名：*Eusphingonotus japonicas*
- ●分类：昆虫纲直翅目蝗科
- ●体长：2.5～4.5厘米
- ●体色：灰色
- ●分布地：世界多地
- ●栖息地：有小石子的河床

河原蝗

拟态 河滩上的石子　相似指数 ★★★☆☆

✿ 像石头一样的河原蝗

　　一种栖息于布满石子的河滩上的蝗虫。在布满石子的河滩上，是很难找到它的：全身灰色，完全融于石子中，绝对的"隐身达人"。

　　飞起来时张开的后翅为蓝色，鲜艳夺目。无论雌性还是雄性，起飞时都会使劲扑扇翅膀，发出声音。植食性动物，偶尔也吃昆虫。

第四章 ✳ 伪装成陆地上的景物

特征、特技

1 一旦察觉到危险，便静止在地面上。

2 如果被敌人发现，便鼓起身体应战。

3 绝招是眼睛喷血！

4 主要以蚂蚁为食。

Before 拟态前

去觅觅食吧。

好像有敌人靠近了。

After 拟态后

名片

● 生物名：得州角蜥

● 学名：*Phrynosoma cornutum*

● 分类：爬行纲有鳞目鬣蜥科

● 体长：6.5 ～ 11.5 厘米

● 体色：褐色

● 分布区：美国西部、墨西哥

● 栖息地：沙漠

得州角蜥

拟态 沙漠地面 相似指数 ★★★★☆

✳ 濒危的保护动物

一种主要分布于美国得克萨斯州的蜥蜴。躯干呈椭圆形，颈、腿和尾巴都很短，乍看之下，很像蟾蜍。浑身长满棘刺般的鳞片，头顶放射状的尖棘尤为突出。因数量不断减少，被列为保护动物，禁止持有、转运、贩卖。

体色与所栖息的沙漠色调极为相似，因此，当捕食猎物或面临敌人时，能与地面融为一体，充分隐藏自己。如果还是不幸被敌人发现了，会膨胀身体，使对方无法吞食自己，并能从眼睛喷出血来。真是"硬核"啊！

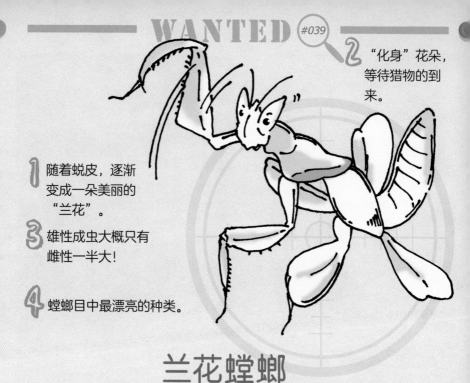

"化身"花朵，等待猎物的到来。

1 随着蜕皮，逐渐变成一朵美丽的"兰花"。

3 雄性成虫大概只有雌性一半大!

4 螳螂目中最漂亮的种类。

兰花螳螂

拟态 花 **相似指数** ★★★★★

❋ 以"花容月貌"迷惑猎物的猎手

从若虫时代便初具花的模样，伴随着蜕皮，步肢会演化出类似花瓣的构造和颜色，与此同时，体色也慢慢变为淡粉色与白色混杂的颜色，十足一朵美丽的"兰花"。"兰花螳螂"这个名字，可真是再合适不过了。不过，这个阶段只维持在第一次蜕皮到成虫之前。

昼行性昆虫，具有高度的猎杀本领，即使同类也会被它们猎杀。幼年时捕猎成功率更高，据说能达到 90%。所以说，自古英雄出少年啊。

还有一个特征，成年雌性体长 6～7 厘米，而雄性只有它一半那么大，且没有雌性那般鲜艳的模样。

名片

- 生物名：兰花螳螂
- 学名：*Hymenopus coronatus*
- 分类：昆虫纲螳螂目花螳科
- 体长：3.5～8 厘米
- 体色：白色、淡粉色等
- 分布地：中国云南西双版纳、东南亚的热带雨林
- 栖息地：花丛

若虫

拟态中

当我站在花瓣上时，它们都说很难认出我来呢。

当我藏在花瓣里，猎物一般都会掉入我的陷阱，嘿嘿。

成虫

拟态中

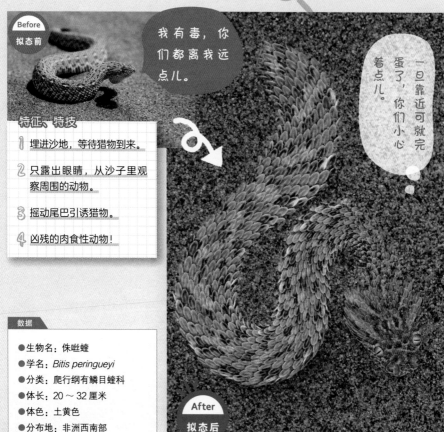

Before 拟态前

我有毒，你们都离我远点儿。

一旦靠近可就完蛋了，你们小心着点儿。

特征、特技

1. 埋进沙地，等待猎物到来。

2. 只露出眼睛，从沙子里观察周围的动物。

3. 摇动尾巴引诱猎物。

4. 凶残的肉食性动物！

数据

- 生物名：侏咝蝰
- 学名：*Bitis peringueyi*
- 分类：爬行纲有鳞目蝰科
- 体长：20～32 厘米
- 体色：土黄色
- 分布地：非洲西南部
- 栖息地：沙漠

After 拟态后

侏咝蝰

(拟态) 沙漠　(相似指数) ★★★★☆

✳ 有剧毒的沙漠猎手

一种生活在非洲沙漠的毒蛇，身体呈土黄色，能与沙漠融为一体。身体短粗，头呈三角形，喜食蜥蜴、壁虎等小动物。

狩猎时，一头扎进沙土里，静待猎物到来。眼睛的位置比普通的蛇要更往上，位于头顶，所以可以从沙子中露出眼睛以观察四周。还会摇动尾巴，引诱猎物。

第五章

伪装成水中的景物

- [ ] 短蛸
- [ ] 安波托虾
- [ ] 扁异蟹
- [ ] 白斑躄鱼
- [ ] 红拟鮋
- [ ] 玫瑰毒鮋
- [ ] 带斑鳚杜父鱼
- [ ] 锯吻剃刀鱼
- [ ] 白斑乌贼
- [ ] 斑马蟹
- [ ] 穗躄鱼

- [ ] 剃刀鱼
- [ ] 小林岩虾
- [ ] 裸躄鱼
- [ ] 真蛸
- [ ] 巴氏豆丁海马
- [ ] 鞭角虾
- [ ] 钝额曲毛蟹
- [ ] 凹吻鲆
- [ ] 叶海龙
- [ ] 喇叭毒棘海胆

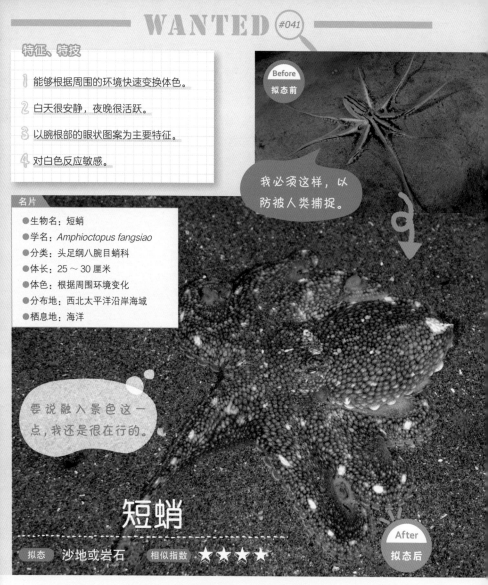

特征、特技

1. 能够根据周围的环境快速变换体色。
2. 白天很安静，夜晚很活跃。
3. 以腕根部的眼状图案为主要特征。
4. 对白色反应敏感。

Before 拟态前

我必须这样，以防被人类捕捉。

名片

- 生物名：短蛸
- 学名：*Amphioctopus fangsiao*
- 分类：头足纲八腕目蛸科
- 体长：25～30 厘米
- 体色：根据周围环境变化
- 分布地：西北太平洋沿岸海域
- 栖息地：海洋

要说融入景色这一点，我还是很在行的。

短蛸

拟态 沙地或岩石　相似指数 ★★★★☆

After 拟态后

〜〜 根据对方体色的明亮程度来判断是敌是友

不仅短蛸，所有种类的章鱼都可以快速变换身体的颜色，以防被天敌捕食。章鱼虽然眼睛很好，但是是色盲，所以只能根据对方体色的明亮程度来判断是敌是友，对白色反应敏感。

因为会产下米粒大的半透明的卵，也被叫作"饭蛸"。

Before
拟态前

有时我也会不依靠海葵而单独行动哟。

特征、特技

1. 依靠体形较大的海葵的保护。

2. 杂食性动物，喜欢吃肉。

3. 有时也会离海葵很远！

4. 也叫"性感虾"。

名片

- 生物名：安波托虾
- 学名：*Thor amboinensis*
- 分类：软甲纲十足目藻虾科
- 体长：2～2.5 厘米
- 体色：褐色
- 分布地：除北冰洋以外的海域
- 栖息地：岩礁群地带

只要有这触手上的棘，即便敌人来了也不怕。

安波托虾

拟态 与海葵共生　相似指数 ★★★★☆

〰 妖娆性感的迷你虾

一种与海葵共生的虾。身体呈褐色，有白色环状斑纹。体形小，杂食性动物，喜欢吃肉。

因个子娇小，又常常高高地翘起尾部，不停地摆动，显得很是迷人，所以又被称为"性感虾"，说它是虾界的模特也不为过。

1 以珊瑚为家。

2 无论颜色还是身体上的突起，都几乎与珊瑚一模一样。

3 有时会用分成两股的前额钳住珊瑚。

4 夜行性动物，白天隐居。

扁异蟹

拟态 珊瑚　相似指数 ★★★★★

〜〜 与珊瑚简直一模一样

以珊瑚为家，外形几乎与其一模一样，无论颜色还是身体上的突起，都与珊瑚神似。因此，如果不动的话，你是不可能发现它的。要想在珊瑚丛里找到它，可要费一番功夫呢。

从世界范围来看，红色的个体偏多，但是在塞班岛周围，也有黄色和橙色的种类。前额会分成两股，以此钳住珊瑚。

名片

- ●生物名：扁异蟹
- ●学名：*Xenocarcinus depressus*
- ●分类：软甲纲十足目蜘蛛蟹科
- ●体长：1～2厘米
- ●体色：红色、橙色
- ●分布地：太平洋
- ●栖息地：珊瑚丛

1 藏在凹凸不平的珊瑚礁里！

2 头上有引诱猎物的器官！

3 身上有藤壶，更加难以分辨！

4 有多种颜色的个体！

白斑躄鱼

（拟态）岩石 （相似指数）★☆☆☆☆

〰 住在珊瑚礁里的潜水员偶像

栖息于海底珊瑚礁或凹凸不平的岩石处。平时，会躲在珊瑚阴影下一动不动，伪装成岩石，静待小鱼等猎物的到来。不过，它们可不只是干等，会利用头上一个叫"拟饵"的器官"发射信号"，将猎物引诱过来。很聪明吧?!

体色有多种，经常与藤壶共生，更让人分不清它和珊瑚谁是谁了。

又丑又可爱，很受潜水员欢迎哦。

名片

● 生物名：白斑躄鱼
● 学名：*Antennarius pictus*
● 分类：硬骨鱼纲鮟鱇目躄鱼科
● 体长：15～20厘米
● 体色：暗青色、黑色、黄绿色、橙色等
● 分布地：印度洋—太平洋地区和东大西洋地区
● 栖息地：珊瑚礁、岩礁周围

95

1 几乎不动，完全变成一块"岩石"。

2 体色随着环境变化而变化。

3 背鳍和腹鳍上长有带毒的棘！

4 迷惑猎物，再迅速消灭它们。

红拟鲉

拟态 岩石　　相似指数 ★★★☆☆

〰 攻击性强的"宅男宅女"

身体与岩石酷似，能随着周围环境的变化而变换体色，基本上总是待在一个地方不动，怎么看都会觉得它就是岩石或珊瑚。

面对这样的红拟鲉，小鱼、甲壳类生物们，总会掉以轻心。而此时，红拟鲉是绝对不会错失良机的，以迅雷不及掩耳之势，一口吞掉送上门来的猎物："啊，真美味……"

名片

- ●生物名：红拟鲉
- ●学名：*Scorpaenopsis papuensis*
- ●分类：辐鳍鱼纲鲈形目鲉科
- ●体长：22～30厘米
- ●体色：带红色的灰色等
- ●分布地：菲律宾、印度尼西亚等
- ●栖息地：珊瑚礁、岩礁周围

特征、特技

1 巧妙利用身体上的突起，躲在水底乱石中。

2 食量大，一口吞掉小鱼和甲壳类。

3 小眼睛和弯若新月的嘴形令人印象深刻。

4 如果不小心踩到它，非常危险！

Before
拟态前

碰到我的身体会非常危险！

只有在静静等待猎物到来时才会伪装成岩石！

After
拟态后

名片

- ●生物名：玫瑰毒鲉
- ●学名：*Synanceia verrucosa*
- ●分类：辐鳍鱼纲鲉形目毒鲉科
- ●体长：30 ～ 40 厘米
- ●体色：灰色、黄色、红色、黑褐色等
- ●分布地：印度洋一太平洋海域
- ●栖息地：岩礁周围

玫瑰毒鲉

（拟态） 岩石　（相似指数）★★★☆☆

≈ 身带剧毒的"海底魔鬼"

　　身体表面多突起，加之体色的掩护，非常像石头，常蛰伏在海底乱石中间，屏息等待着猎物——小鱼和甲壳类的到来。猎物一旦靠近，会在瞬间被它吃掉。

　　作为剧毒生物而出名，背鳍上的棘刺含致命剧毒。很恐怖吧?! 所以，潜水的时候一定要万分注意哦。

特征、特技

1. 伪装成岩石静待猎物的到来。

2. 因一条纵贯全身的带状斑纹而得名。

3. 不擅长游泳。

4. 食用价值不高，非常难吃！

Before
拟态前

不过就算不动也还是有吃的！

要是会游泳的话，我就能去远一点的地方了！

After
拟态后

名片

- 生物名：带斑鳚杜父鱼
- 学名：*Pseudoblennius zonostigma*
- 分类：辐鳍鱼纲鲉形目杜父鱼科
- 体长：10 ~ 15 厘米
- 体色：白里透红的底色上带有黑色的斑点
- 分布地：日本
- 栖息地：岩礁周围

带斑鳚杜父鱼

拟态 岩石　　相似指数 ★★☆☆☆

〜 一心一意等待猎物到来

　　因一条纵贯全身的斑纹而得名。装成岩石，在海底静待大意的猎物的到来。因不会游泳，所以活动范围很小。

　　切开它的身体，会发现肉是蓝色的，真像中了毒。吃起来味道很不好，所以还是不要吃它哟。

1 倒立着游动，很像摇曳的海草。

2 身体细长，潜入海藻中完全不会被发现。

4 以吸食方式猎取食物。

3 体色多变，随时变化。

锯吻剃刀鱼

拟态 海草 相似指数 ★★★★★

≋ 以游动方式提高相似度的"谋略家"

身体长且扁平，与海草非常相似。最令人佩服的，是可以倒立着游动，像极了摇曳的海草。当它与海草同时出现时，你一定分不出哪个是哪个。身体富于色彩变化，有红色、绿色、棕色、黄色等多种。

以吸食方式猎食。为保护受精卵，雌性腹鳍处有孵卵袋。因为太像海草，所以深受潜水员和鱼类爱好者的欢迎。这是一种粉丝众多的鱼。

名片

- 生物名：锯吻剃刀鱼
- 学名：*Solenostomus cyanopterus*
- 分类：辐鳍鱼纲海龙目沟口鱼科
- 体长：5～17 厘米
- 体色：根据周围环境变化
- 分布地：印度洋—太平洋海域
- 栖息地：珊瑚礁、岩礁周围

1 身体颜色可以快速变化。

2 身体的花纹也能变换。

3 为乌贼科中体形最大的种类。

4 游泳技术一般，喜欢平静的海域！

拟态中

在白色沙地中会变成白色。

拟态中

即便是在这样复杂的环境中，我也能轻而易举地变身。

名片

- 生物名：白斑乌贼
- 学名：*Sepia latimanus*
- 分类：头足纲乌贼目乌贼科
- 体长：20～60厘米
- 体色：根据周围环境变化
- 分布地：西北太平洋沿岸海域
- 栖息地：珊瑚礁周围

白斑乌贼

拟态 周围环境 　相似指数 ★★★☆☆

〰 令变色龙汗颜的自由变色

拟态天才，能根据周围的环境自由、快速地变换身体的颜色和花纹。从这一点上看，即便拟态界的冠军——变色龙，也不得不对它甘拜下风。生活在平静的海域，喜食鱼和甲壳类。

大的个体体重能超过 10 千克，属于大型乌贼。有时雄性内部会发生激烈的斗争。

特征、特技

1. 物如其名，身上全是条纹斑。

2. 与海胆共生。

3. 吃海胆身上的刺。

4. 进入繁殖期，雄性搬家会增多。

Before
拟态前

我看起来是不是像穿了迷彩服？怎么样，很酷吧？

海胆哥哥，谢谢你一直以来这么照顾我！

After
拟态后

名片

- 生物名：斑马蟹
- 学名：*Zebrida adamsii*
- 分类：软甲纲十足目毛刺蟹科
- 体长：1.5～3厘米
- 体色：白色、深棕色、深紫色带条纹
- 分布地：印度洋和太平洋
- 栖息地：海胆

斑马蟹

〔拟态〕 与海胆共生

〔相似指数〕 ★★☆☆☆

≋ 何时何地都与海胆在一起

物如其名，身上都是像斑马一样的条纹斑。生存根据地就是海胆，还会吃海胆的刺，当然，这对海胆并不会造成什么影响。

进入繁殖期，为了求爱，雄性会搬到雌性居住的海胆上去。为它们提供住处的海胆也真是不容易。

1 利用身上的丝状物"化身"海藻。

2 身体像个球，静待猎物的靠近。

3 不擅长游泳，靠特化的胸鳍"行走"！

4 澳大利亚南部海域独有的品种。

穗鳚鱼

拟态 海藻　相似指数 ★★★☆☆

≋ 全身都是丝状物的"变身达人"

澳大利亚南部海域的独有品种。全身上下覆盖着丝状物，使它能够伪装成海藻，以防敌人发现，或是隐藏自己以伏击猎物。

虽是如假包换的鱼，却不太会游泳，依靠特化的胸鳍在海底"行走"，以这样的方式移动。

主食是小鱼和甲壳类，体长在 20 厘米左右。

名片

- ●生物名：穗鳚鱼
- ●学名：*Rhycherus filamentosus*
- ●分类：辐鳍鱼纲鮟鱇目躄鱼科
- ●体长：20～25 厘米
- ●体色：浅棕色等
- ●分布地：澳大利亚
- ●栖息地：沿海礁石区

1 左右摇摆着游动。

2 生活在珊瑚和海百合的背阴处。

3 尾巴和吻都很长，腹鳍上有斑点。

4 可以用有无突起这一点区分它和锯吻剃刀鱼！

剃刀鱼

(拟态) 珊瑚、海百合等　　(相似指数) ★★★★★

〰 能自由操纵体色的锯吻剃刀鱼的亲戚

从分类上看，与之前介绍过的锯吻剃刀鱼接近，体形也很相似。可以用有无突起这一点区分它和锯吻剃刀鱼，有突起的是剃刀鱼。另一个不同的点是，锯吻剃刀鱼生活在更深的海域。

经常成对行动，个头大一点的是雌性，小一点的是雄性。巧妙地变换身体的颜色，藏身于珊瑚或海百合里，左右摇摆，自由游动。

长吻和长尾巴也是它的特征之一，有些个体的腹鳍上有斑点。

名片
- 生物名：剃刀鱼
- 学名：*Solenostomus paradoxus*
- 分类：辐鳍鱼纲海龙目剃刀鱼科
- 体长：6～15 厘米
- 体色：根据周围环境而变化
- 分布地：西太平洋
- 栖息地：珊瑚礁、岩礁周围

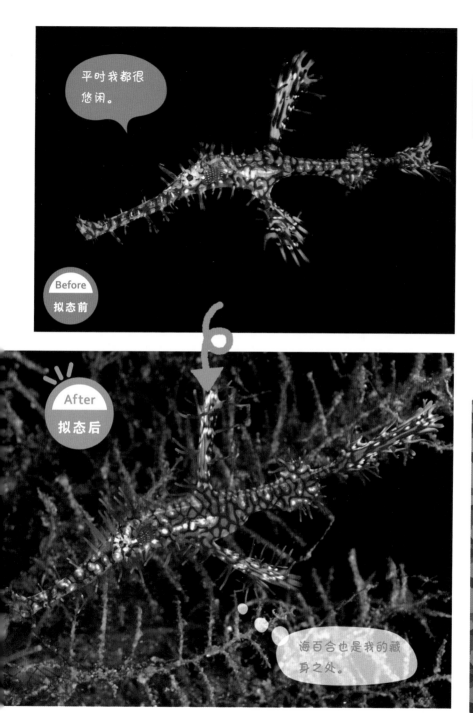

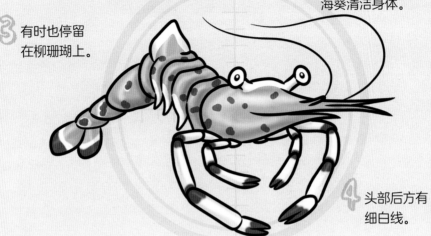

1 借助海葵保护自己。

2 作为回礼，会帮助海葵清洁身体。

3 有时也停留在柳珊瑚上。

4 头部后方有细白线。

小林岩虾

拟态 与海葵共生 相似指数 ★★★☆☆

〰 与海葵互惠互利，共御外敌

生活在日本周边海域的日本独有的长臂虾，身体晶莹剔透，令人印象深刻。有时会停留在柳珊瑚上，但是一般都与海葵共生，借助海葵带毒的触手保护自己。作为回礼，它会为海葵清洁身体，正所谓"互惠互利"。

头部后方，有一圈圆圆的细白线。第三腹节的背上有一条长长的线，这也是它的特征之一。

名片

- 生物名：小林岩虾
- 学名：*Periclimenes kobayashii*
- 分类：软甲纲十足目长臂虾科
- 体长：2～3 厘米
- 体色：半透明
- 分布地：日本海域
- 栖息地：水深 20～60 米的海中

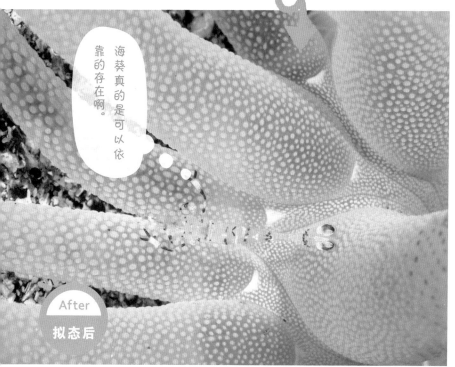

特征、特技

1 隐身在海藻中物色猎物。

2 根据背景自由变换体色。

3 吻触手末端的拟饵可将猎物"诓骗"过来。

4 能把与自己同样大小的鱼一口吞下。

Before 拟态前

要是在这儿可能会被发现吧。

如果是在这儿的话我就放心了，之后就是静待猎物的到来了。

After 拟态后

名片

- 生物名：裸躄鱼
- 学名：*Histrio histrio*
- 分类：辐鳍鱼纲鮟鱇目躄鱼科
- 体长：15～20 厘米
- 体色：黄褐色，体色变化大
- 分布地：印度洋、太平洋、大西洋
- 栖息地：海藻繁茂的环境

裸躄鱼

拟态 海藻　　相似指数 ★★☆☆☆

〰 隐身海藻中狙击猎物的"流浪者"

能自由变换身体的颜色，生活在海藻丛中。利用吻触手上的拟饵，将进入海藻丛的虾和鱼类"诓骗"过来，伺机吞掉。因其嘴巴可以瞬间张到很大，所以能一口吞下与自己差不多大小的猎物。真是活力四射啊。

特征、特技

1 皮肤变色、身体变形都能随心所欲！

2 能用头下部的漏斗状体管喷水作快速退游。

3 能分泌毒液捕食猎物。

4 一旦察觉到危险，喷出墨汁，迅速逃跑！

希望不要被人类吃掉。

海里没有不会拟态的生物。

名片

- 生物名：真蛸
- 学名：*Octopus vulgaris*
- 分类：头足纲八腕目章鱼科
- 体长：60～100厘米
- 体色：根据周围环境而变化
- 分布地：除北冰洋以外的世界各大洋
- 栖息地：岩礁、珊瑚礁、藻场

真蛸

拟态 沙地、岩石　　相似指数 ★★★☆☆

≋ 一种常见的食物，其实是拟态生物

其实就是我们平时吃的章鱼，它可是天才型拟态选手，能通过调整皮肤上的色素细胞，根据周围环境在几秒钟内变换体色；甚至能使皮肤凸起，瞬间"变身"沙地或岩石。

另外，还有快速移动、用毒、吐墨、断腕求生等多重技能。本书到目前为止，还没介绍过会这么多技能的生物吧。

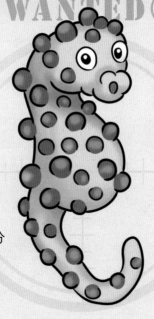

1 栖息在柳珊瑚中。

2 体色和突起都与柳珊瑚非常相似。

3 海马的一种，在分类上也是鱼。

4 体形非常小，体长不到两厘米！

巴氏豆丁海马

拟态 柳珊瑚　　**相似指数** ★★★★★

〰 栖息在柳珊瑚中度过一生

看起来一点儿也不像鱼，但在分类上确实属于鱼。海马中最小的品种，只有一两厘米长。栖息在柳珊瑚中，模仿起珊瑚来惟妙惟肖，因此很难被发现。

同一片柳珊瑚中常常生活着数对巴氏豆丁海马，它们关系都很好。

如果搬家的话，会配合"新家"的颜色变换体色。

名片

- 生物名：巴氏豆丁海马
- 学名：*Hippocampus bargibanti*
- 分类：辐鳍鱼纲棘背鱼目海龙科
- 体长：1～2厘米
- 体色：根据周围环境而变化
- 分布地：印度洋及西太平洋水域
- 栖息地：柳珊瑚

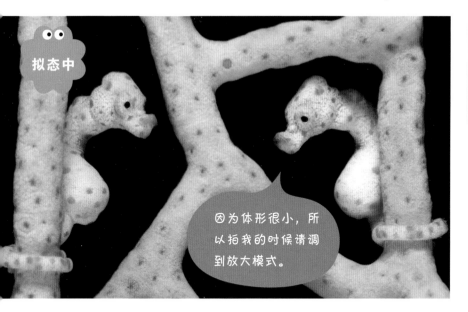

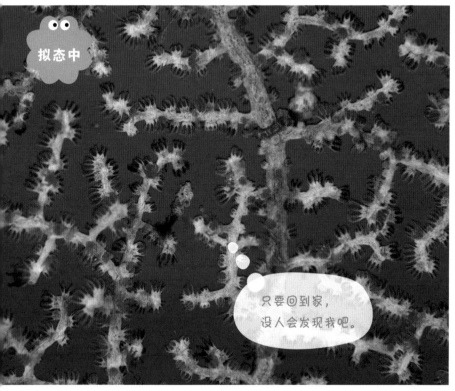

1 珊瑚是它的住所。

2 一般是黄绿色，会根据栖息地的颜色变换体色。

3 小时候是雄性，长大了会变成雌性！

4 在日本不算稀少，但从世界范围看是非常稀有的品种。

鞭角虾

拟态 线珊瑚　相似指数 ★★★★★

〰 连潜水员都发现不了的"神"拟态

　　一种混进鞭角珊瑚等细长珊瑚中生活的小型虾，会巧妙地利用身上的突起，完全融入栖息地。身体一般呈黄绿色，可以根据周围环境而变化。拟态堪称出神入化，即便潜水员拼命找也很难找到它。

　　在日本不算稀少，但从世界范围看是非常稀有的品种。

　　另外，还有一个非常神奇的特性——出生时是雄性，长大后，就变为雌性了。是不是很不可思议？

名片

- 生物名：鞭角虾
- 学名：*Miropandalus hardingi*
- 分类：软甲纲十足目长额虾科
- 体长：1～3厘米
- 体色：黄绿色，根据周围环境而变化
- 分布地：热带海域
- 栖息地：线珊瑚等

我身上的这些突起在拟态时可是要发挥重要作用的。

Before
拟态前

配合「家里」的颜色随时改变自己身体的颜色。

After
拟态后

特征、特技

1 附着在海藻、海绵上，成为景物的一部分。

2 用海藻、珊瑚、碎屑等"装饰"自己。

3 环境改变时，与之相应的，装饰物也会改变。

4 也称作"装饰蟹"。

Before
拟态前

刚刚脱完皮后的我看起来还是很朴素的。

如果不往身上装饰点什么，总觉得少点啥。

数据

● 生物名：钝额曲毛蟹
● 学名：*Camposcia retusa*
● 分类：软甲纲十足目蜘蛛蟹科
● 体长：1～3厘米
● 体色：褐色
● 分布地：印度洋、太平洋的暖水区
● 栖息地：浅水的岩礁周围

钝额曲毛蟹

拟态　海藻　　相似指数　★★☆☆☆

〰 爱臭美的"装饰专家"

又叫"装饰蟹"，名字虽然有点奇怪，但是有其正当的理由：会用海绵、海藻、贝壳、碎屑等装饰自己，"化身"海绵、海藻等，从而将自己隐藏起来。

实实在在的"装饰专家"，就算环境变了，脱皮了，也一定会在身上装饰点什么，可真是臭美！

Before
拟态前

特征、特技

1 眼睛一侧的体表具有圆形花斑。

2 一旦进入拟态模式，会变换体色进入沙地。

3 白天夜晚都会活动，但捕猎主要还是在夜间。

4 体长可达40厘米，在鲆科里是最大的。

平时身体呈现
独特的纹样。

After
拟态后

名片

- 生物名：凹吻鲆
- 学名：*Bothus mancus*
- 分类：辐鳍鱼纲鲽形目鲆科
- 体长：30～45厘米
- 体色：褐色，根据周围环境而变化
- 分布地：印度洋、太平洋的热带海域
- 栖息地：珊瑚礁海域的礁沙混合区

改变身体的颜色，一头扎进沙地里。

凹吻鲆

拟态 海底的沙地 相似指数 ★★★☆☆

灵活适应各种沙子的颜色

擅长利用自己扁平的身体躲进海底的沙地里，到了夜里，便在那儿静待食物的到来。此时，体色会变得跟周围一模一样，乍一看，你是绝对不会发现它们的。

成年后，右眼会长到身体左侧。眼睛一侧的体表分布有圆形花斑。在同类当中，它的体形最大，这也是它引以为傲的地方。

1 利用遍布全身的"绿叶"拟态海藻。

2 一边躲过敌人的眼睛，一边静待猎物的到来。

3 喜欢干净和无日照的地方。

4 被世界自然保护联盟列为濒临灭绝的物种。

叶海龙

拟态 海藻　　相似指数 ★★★★★

扮成海藻悠闲度日

全身延伸出一株株像海藻的叶瓣状的附肢，因此能成功地伪装成海藻，融进周围的环境，既免受敌人的侵害，又能伏击猎物。体色有黄褐色、褐色、绿色等多种，会根据周围环境而变化。

喜欢干净的水域，成对或者单独行动。动作很慢，一般不怎么动。

世界自然保护联盟将其列为濒临灭绝的物种，希望它能顽强地生存下去。

名片

- ●生物名：叶海龙
- ●学名：*Phycodurus eques*
- ●分类：辐鳍鱼纲海龙目海龙科
- ●体长：20～40厘米
- ●体色：黄褐色、褐色、绿色等
- ●分布地：澳大利亚西南部沿岸
- ●栖息地：浅海的藻场、岩礁、珊瑚礁等

单独行动的时候，即便被发现也无所谓。

要是藏起来了，那说明我是动真格的了。

特征、特技

1 身上都是喇叭状的棘刺。

2 喜欢将贝壳、海草等附于身上作伪装。

3 棘刺有剧毒，不要碰！

4 海洋危险生物！

Before 拟态前

身上有毒，不要靠近我。

贝壳、珊瑚、海藻，什么都往身上放。

After 拟态后

数据

- 生物名：喇叭毒棘海胆
- 学名：*Toxopneustes pileolus*
- 分类：海胆纲海胆目毒棘海胆科
- 体长：10 ～ 12 厘米
- 体色：淡绿褐色、橙色等
- 分布地：太平洋
- 栖息地：浅岩礁等

喇叭毒棘海胆

拟态 海底景物 　　相似指数 ★★☆☆☆

〰 收集海底垃圾的伪装者

因其全身喇叭状的棘刺而得名。生活在较暖的海域。棘刺有剧毒，要是不小心碰到，轻者疼痛难忍，重者导致死亡，真是可怕的"海底杀手"！

喜欢将珊瑚、贝壳等海底"垃圾"附于自己身上，与周围景色融为一体，从而隐藏自己。

第六章

伪装成更强大的生物

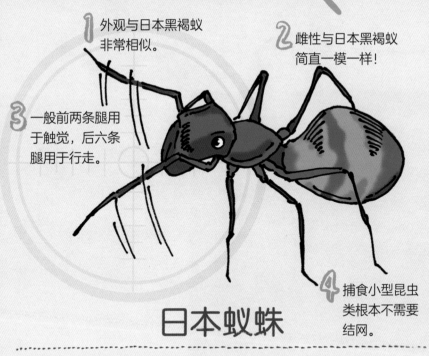

1 外观与日本黑褐蚁非常相似。

2 雌性与日本黑褐蚁简直一模一样！

3 一般前两条腿用于触觉，后六条腿用于行走。

4 捕食小型昆虫类根本不需要结网。

日本蚁蛛

拟态 蚂蚁　相似指数 ★★★★★

🐜 从外形到动作完全复制蚂蚁的"谋士"

到底是蚂蚁还是蜘蛛？看到这个名字你一定想一探究竟，现在我就告诉你，它是蜘蛛。它会拟态成一种叫作日本黑褐蚁的蚂蚁，以防自己被敌人捕食。因为蚂蚁的上颚和蚁酸都很强，具有很强的攻击性，很多捕食者都会避开蚂蚁，所以，伪装成蚂蚁，比作为一只蜘蛛更加安全。

雌性与日本黑褐蚁十分相似。不同于一般的蜘蛛，它的前两条腿一般用于触觉，只用六条腿行走，使得它更像日本黑褐蚁了，真是连细节都模仿得十分到位啊。

名片

● 生物名：日本蚁蛛
● 学名：*Myrmarachne japonica*
● 分类：蛛形纲蜘蛛目跳蛛科
● 体长：0.5～1厘米
● 体色：黑色
● 分布地：中国、俄罗斯、日本
● 栖息地：农田、山区

123

1　幼鱼时期会"变身"剧毒的青环海蛇。

2　幼鱼身上的黑色横条纹，长大后会变成灰褐色。

3　夜行性动物，白天在珊瑚礁中休息。

4　性格温和，对人类没有攻击性。

点纹斑竹鲨幼鱼

拟态　剧毒的青环海蛇　　相似指数

🔑 外表凶猛，内里温和的"两面派"

　　这是扮作有毒生物以防自己被攻击的典型代表！身上分布有黑色横条纹，使其与能跟眼镜蛇匹敌的剧毒动物——青环海蛇十分相似，从而防止敌人靠近。这个黑色横条纹会慢慢变浅，成年之后变成灰褐色。

　　十分温和的夜行性鲨鱼，对人类没有攻击性。体形最大也就 145 厘米，在鲨鱼中属于较小的品种。游动时使用胸鳍，像是爬行，看起来非常像狗狗边嗅地面边走路的样子，因此也叫"狗鲨"。

名片
- 生物名：点纹斑竹鲨
- 学名：*Chiloscyllium punctatum*
- 分类：软骨鱼纲须鲨目长尾须鲨科
- 体长：130 ～ 145 厘米
- 体色：底色为灰褐色，分布黑色横条纹
- 分布地：印度洋至西太平洋
- 栖息地：浅珊瑚礁区等

本尊 青环海蛇

说到能与眼镜蛇匹敌的有毒生物，你最先想到的是什么呢？

幼鱼我其实根本没毒。

拟态生物 点纹斑竹鲨幼鱼

特征、特技

1. 幼鱼时代会伪装成扁虫。
2. 摇摆式的游动方式与扁虫的游泳状态如出一辙!
3. 幼鱼和成年鱼的形态似是而非!
4. 因为红色的镶边,也叫"红边蝙蝠"。

名片

- ●生物名:圆翅燕鱼
- ●学名:*Platax pinnatus*
- ●分类:辐鳍鱼纲鲈形目白鲳科
- ●体长:3～15厘米
- ●体色:底色为黑色,身体边缘有红色的镶边
- ●分布地:西太平洋热带海域
- ●栖息地:珊瑚礁周围

> 这就发现不了我了吧……

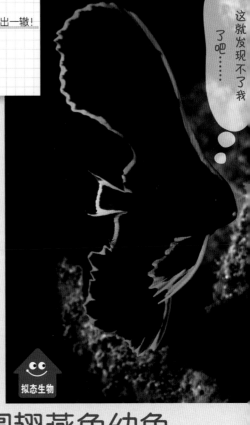

扁虫

本尊

拟态生物

> 我有些同类体内也有河豚毒素。

圆翅燕鱼幼鱼

拟态 有毒的扁虫　　　**相似指数** ★★★☆☆

🦴 通过身体的镶边扮作有毒生物

幼鱼擅长拟态成扁虫。扁虫有毒,它的同类中,有些像河豚一样,含河豚毒素。因为这般拟态,所以大家都不敢靠近它。而且,它连游泳的方式都模仿得惟妙惟肖,真是让人挑不出一点儿毛病。

因为幼鱼的身体"镶着一圈鲜艳的红边",因此也被叫作"红边蝙蝠"。

看到这么大只的眼珠子，大家都会逃走吧！

双绦蝴蝶鱼

拟态 **大眼珠子** 相似指数 ★☆☆☆☆

特征、特技

1. 身上有圆斑，看起来像大眼珠子。

2. 幼鱼最喜欢吃珊瑚虫。

3. 身上的白色条纹和圆斑，似海上生明月，因此也叫"海月蝴蝶鱼"。

4. 作为观赏鱼很受欢迎！

名片

- ●生物名：双绦蝴蝶鱼
- ●学名：*Chaetodon bennetti*
- ●分类：辐鳍鱼纲鲈形目蝴蝶鱼科
- ●体长：13～20厘米
- ●体色：底色为鲜艳的黄色，有黑色的大斑点
- ●分布地：非洲东岸至太平洋中部社会群岛，南到新几内亚，北至日本，我国主要分布于西沙群岛和台湾岛附近
- ●栖息地：水深较浅的珊瑚礁域

🔧 用身体侧面的"大眼珠子"环顾四周

身体侧面有一块非常有存在感的黑色圆斑，看起来像是一只大眼珠子，给人一种强烈的压迫感，很多生物看到这个"大眼珠子"都会感到害怕吧。这块圆斑加上下面的白色条纹，是不是像海上生明月呢？因此，也称作"海月蝴蝶鱼"。

幼鱼喜欢吃珊瑚虫，成年鱼喜欢吃底栖动物等。外形优美，作为观赏鱼很受欢迎。

我既不会刺人，身上也没毒……

咖啡透翅天蛾

拟态 蜂　相似指数 ★★★★☆

名片

- ●生物名：咖啡透翅天蛾
- ●学名：*Cephonodes hylas*
- ●分类：昆虫纲鳞翅目天蛾科
- ●体长：5～7厘米（翅展宽度）
- ●体色：底色为鲜艳的黄绿色，上面有黄色、黑色、红色的横条纹
- ●分布地：亚洲东部、南部、东南亚一带，非洲大部分地区
- ●栖息地：灌木丛等

特征、特技

1. 透明的翅膀和身体的纹样酷似蜂。

2. 不仅外形，就连扑扇翅膀的声音也几乎跟蜂一模一样！

3. 在蛾中属于较为少见的昼行性动物。

4. 不像一般的蛾那样翅膀上有鳞片。

无论外形，还是振翅声和飞行姿势，几乎与蜂一模一样

物如其名，这种蛾长着透明的翅膀和一簇尾巴，身上的横条纹非常显眼，所以经常被误认为是蜂。飞起来时，振翅声与蜂很像，就连蜂的飞行姿势也学得惟妙惟肖，真是拟态界的"达人"！

与其他蛾不同，是昼行性动物，且没有鳞片，这一点很是少见。这个不像蛾的点，也使得它更像蜂了。

特征、特技

1 生活在海胆的棘刺之间。

2 既把海胆当保护伞，又把海胆当食物。

3 雌性的吻很短，雄性的吻很长。

4 体色偏黑，浸在酒精中会变成红色。

> 亲爱的海胆在哪儿呢？

Before
拟态前

> 住在这儿最让人感到安心了！

After
拟态后

名片

- ●生物名：线纹环盘鱼
- ●学名：*Diademichthys lineatus*
- ●分类：辐鳍鱼纲喉盘鱼目喉盘鱼科
- ●体长：4～6厘米
- ●体色：底色为深紫红色，上有黄色条纹
- ●分布地：印度洋、西太平洋
- ●栖息地：热带浅海岩礁区域

线纹环盘鱼

〔拟态〕 海胆的棘　　〔相似指数〕 ★★☆☆☆

隐身猎食，一石二鸟

生活在热带浅海岩礁区域，藏身在海胆的棘刺之间。这种鱼与别的鱼有点儿不一样，它生活在海胆的棘刺之间，不仅仅是为了躲避敌人，也是为了吃海胆，真是贪得无厌！

雄性的吻很长，雌性的吻很短。身体表面光滑细腻，浸入酒精会变成红色。

1 不是蛇，而是鱼！

2 身上有黑白相间的条纹，看起来完全就是一条毒蛇！

3 一旦暴露，会被毒蛇吃掉！

4 我国主要分布在南海！

斑竹花蛇鳗

拟态 剧毒的海蛇　　**相似指数** ★★★★☆

扮成捕食者的"睿智派"鳗鱼

名字中虽有"蛇"字，却不是蛇，而是鱼。但是，它的外形看起来完全像是一条有剧毒的海蛇。身上黑白相间的条纹，让它模仿起海蛇来更加得心应手。这样一来，就骗过了要捕食它的敌人的眼睛。万一要是被发现了……还真是有点儿提心吊胆呢。

名片

●生物名：斑竹花蛇鳗
●学名：*Myrichthys colubrinus*
●分类：辐鳍鱼纲鳗鲡目蛇鳗科
●体长：30 ～ 80 厘米
●体色：黑白相间
●分布地：印度洋和西太平洋热带水域
●栖息地：珊瑚礁

肚子饿了，让我看看哪个是赝品？

本尊　海蛇

我得好好伪装，不能让海蛇发现……

拟态生物　斑竹花蛇鳗

1 身体底色为黑色，分布有白色斑点。

2 利用外形拟态凶猛的肉食鱼。

3 特别喜欢暗处，一般躲在岩石下面。

4 喜食小鱼和甲壳类。

丽鮗

（拟态）斑点裸胸鳝　　（相似指数）★★☆☆☆

将头隐藏在岩石里以躲避危险

又名瑰丽七夕鱼。这种鱼的特征是接近黑色的身体上散布着白色斑点。面对来袭的敌人，会巧妙地利用自己身上的斑点，"化身"凶猛的肉食鱼——斑点裸胸鳝。它会瞬间将头藏在岩石里，只露出身体的后半部分，看起来像是斑点裸胸鳝，从而吓走对方，救自己于危机之中。斑点裸胸鳝是1米长的大鱼，但是丽鮗却只有15厘米，为了生存真是不容易。

喜欢暗处，一般都躲在岩石下面，以小鱼和甲壳类为主食。

名片

- 生物名：丽鮗
- 学名：*Calloplesiops altivelis*
- 分类：辐鳍鱼纲鲈形目鮗科
- 体长：5～15厘米
- 体色：底色为黑色，多白色斑点
- 分布地：印度洋、西太平洋
- 栖息地：珊瑚礁、岩礁

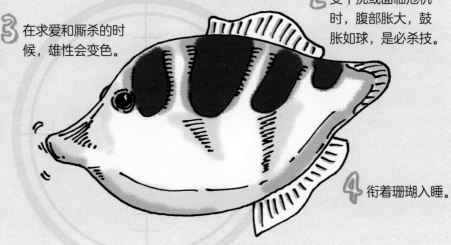

1 会拟态成有毒的横带扁背鲀。

2 受干扰或面临危机时，腹部胀大，鼓胀如球，是必杀技。

3 在求爱和厮杀的时候，雄性会变色。

4 衔着珊瑚入睡。

锯尾单角鲀

拟态 横带扁背鲀　相似指数 ★★★★★

雌性是冠军级拟态高手

体形、体色、斑纹，无论从哪个方面来看，都与横带扁背鲀一模一样，却是和横带扁背鲀完全不同的生物。虽说可以从背鳍和腹鳍的大小来区分两者（锯尾单角鲀的背鳍要更大），但是乍一看，是完全分不出来的。

横带扁背鲀是剧毒生物，锯尾单角鲀拟态成横带扁背鲀，就是为了保护自己不受外敌侵犯。它还有一个必杀技，受干扰或面临危机时，腹部胀大，更像横带扁背鲀了。雌性模仿得尤其像，可以说是冠军级别的拟态。

名片

● 生物名：锯尾单角鲀
● 学名：*Paraluteres prionurus*
● 分类：辐鳍鱼纲鲀形目单角鲀科
● 体长：3～10 厘米
● 体色：底色为白色，有黑色和黄色的条纹
● 分布地：印度洋、太平洋热带海域
● 栖息地：浅水珊瑚礁

本尊 横带扁背鲀

拟态生物 锯尾单角鲀

1. 正常情况下，身体伸展。

2. 一旦察觉到危险，便会蜷缩起来，"化身"成蛇。

3. 眼睛其实是"眼状斑纹"，实际上看不见。

4. 还有一个很有存在感的名字——白肩天蛾。

蒙古白肩天蛾幼虫

拟态 蛇   相似指数 ★★★★☆

🔍 是蛇还是"槌之子"

蛾如其名，蒙古白肩天蛾头及肩两侧为白色，因其幼虫时期拟态成蛇而出名。平时，幼虫的身体是伸展开来的，并不那么像蛇。但是，一旦觉察到危险，便会蜷缩起来，反转身体，变成蛇的样子。除了看起来像是眼睛的"眼状斑纹"，身上还有鳞片状纹样，使其看起来跟蛇真是一模一样，不小心就会骗到大家！圆圆胖胖的外形使得它看起来也很像日本传说中的神秘动物——槌之子。

白肩天蛾——像是日本动漫里的主人公的名字，怎么样，很酷吧？

名片
- ●生物名：蒙古白肩天蛾
- ●学名：*Rhagastis mongoliana*
- ●分类：昆虫纲鳞翅目天蛾科
- ●体长：6～7.5厘米（幼虫）
- ●体色：褐色、黄绿色等
- ●分布地：中国、日本、朝鲜等
- ●栖息地：树林、草地等

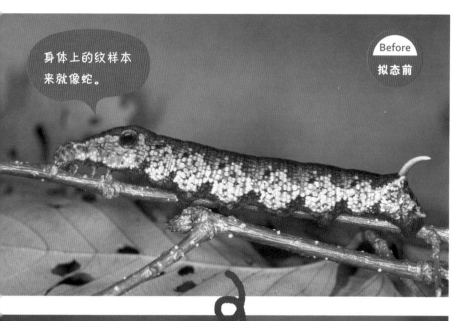

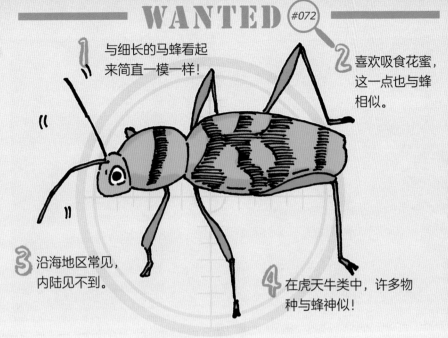

1 与细长的马蜂看起来简直一模一样!

2 喜欢吸食花蜜,这一点也与蜂相似。

3 沿海地区常见,内陆见不到。

4 在虎天牛类中,许多物种与蜂神似!

玉条虎天牛

拟态 马蜂　　**相似指数** ★★★☆☆

🔑 通过身体的斑纹完美"再现"一只蜂

在虎天牛类中,拟态成蜂的有很多种,这种玉条虎天牛利用自己细长的身体,将自己扮成马蜂。通过带状条纹,来骗过周围的眼睛。因为大家都怕蜂,所以都离它远远的。

喜食花蜜,白天很活跃,会去各个花丛中转悠。这种行为也与蜂类似,为其伪装助了一臂之力。

一般生活在沿海地区,内陆是见不到它的。近亲的虎天牛的体形要更大一些,神似胡蜂。

名片

- ●生物名:玉条虎天牛
- ●学名:*Chlorophorus quinquefasciatus*
- ●分类:昆虫纲鞘翅目天牛科
- ●体长:1.3～2厘米(幼虫)
- ●体色:底色为黄色,有黑色横条纹
- ●分布地:中国、日本、朝鲜、韩国
- ●栖息地:平原、山地等

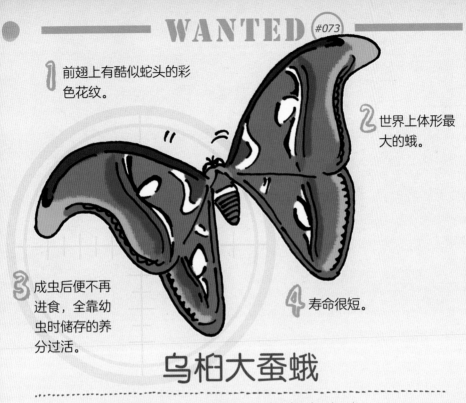

1 前翅上有酷似蛇头的彩色花纹。

2 世界上体形最大的蛾。

3 成虫后便不再进食，全靠幼虫时储存的养分过活。

4 寿命很短。

乌桕大蚕蛾

拟态 蛇头　相似指数 ★★★☆☆

🎀 翅膀张开，像是"双头蛇"

整个翅膀展开后，可达 20 厘米，是世界上最大的蛾。前翅末端有酷似蛇头的花纹，尤其"蛇眼"栩栩如生，活生生的"双头蛇"！因此也被称作"蛇头蛾"。看到如此情景，其他生物自然吓跑了。是不是很厉害呢？

它的一生很短暂。尤其成虫后，口器脱落，无法进食，仅靠幼虫时期储存的养分过活，一两周就会死去。

名片
- 生物名：乌桕大蚕蛾
- 学名：*Attacus atlas*
- 分类：昆虫纲鳞翅目大蚕蛾科
- 体长：20～26 厘米（翅展宽度）
- 体色：红褐色
- 分布地：中国及东南亚国家
- 栖息地：森林等

终极拟态——拟死

"（问）如果在森林里遇到了熊，你会怎么做？"

"（答）我会装死。"

这个对话非常有名，但实际上基本没用，且可能会提高被袭击的概率。但是逃跑的话照样会刺激对方，所以也不应逃跑。最推荐的做法是，不要转身，倒退着离开。

但是，一旦被敌人袭击，或是感觉到危险就立马装死的动物，地球上比比皆是。都是为了活下去而装死。这种装死被称作"拟死"。它们拟态的对象，既不是树叶或枯叶，也不是海藻、珊瑚，更不是比自己更强大的生物，而是尸骸。所以，可以说拟死是"终极拟态"。

据说，很多拟死生物并不是有意为之，只是大敌当前，受到强烈的刺激，它们条件反射性地全身僵硬，被动进入拟死状态。大概是"无论如何也要活下去"的这种本能，促使它们这么做的吧。

树上的昆虫一旦进入拟死状态，便会吧嗒一下落到地面上，一动不动，四脚收缩仰面朝天，能将此状态维持一段时间，也算是本事了。不同生物拟死的时间长短不同，从几秒到几十秒不等，其中也不乏能保持数小时一动不动的"能人"。大多数猎食者都是对正在运动的东西作出反应从而锁定猎物，如果它一动不动，猎食者也束手无策吧。人类在熊面前装死多半无效，但是昆虫们的拟死还是很好用的。

拟死中的甲虫。

第七章 其他拟态

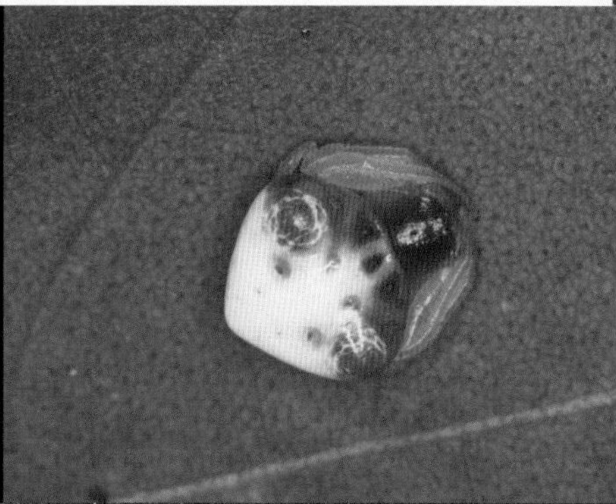

- ☐ 八瘤艾蛛
- ☐ 杂色尖嘴鱼
- ☐ 主刺盖鱼
- ☐ 黑星隐头叶甲
- ☐ 蟾蜍曲腹蛛
- ☐ 红显蝽
- ☐ 拟态章鱼
- ☐ 侧带拟花鮨
- ☐ 花纹细螯蟹
- ☐ 斑瘤叶甲

1 将垃圾收集在蜘蛛网的中心。

2 背部前方有2个、后方有6个瘤状突起。

3 一旦有什么靠近，它的脚就会收缩起来，瞬间静止。

4 雌性比雄性大得多！

八瘤艾蛛

拟态 垃圾　相似指数 ★★★☆☆

🕷 与垃圾共存也毫不在意

又叫"垃圾蜘蛛"。"有点失礼吧。"看到这个名字，很多人都会这么想吧。这种蜘蛛会收集食物残渣等垃圾，将它们排列在蛛网的正中间，然后在这些垃圾中生活。所以，前人给它取了这么个一针见血的名字。

黑褐色的身体、多彩的斑纹，以及背部前后方的瘤状突起，更为它增加了一丝"垃圾感"。一旦有什么靠近，它便会把脚收起来，静止不动。所以，乍一看是发现不了它的。

还有一大特征是雌性的个头比雄性大得多。

名片

● 生物名：八瘤艾蛛
● 学名：*Cyclosa octotuberculata*
● 分类：蛛形纲蜘蛛目园蛛科
● 体长：0.7～1.5厘米
● 体色：底色为黑褐色，有黄色、褐色等复杂斑纹
● 分布地：中国、日本、朝鲜半岛
● 栖息地：房檐下、灌木丛等

1 幼鱼时期身体底色为黑色，上面有漩涡状斑纹。

2 成年之后，变成鲜艳的黄色条纹。

3 成年鱼非常喧闹。

4 非常有"领土"意识。

主刺盖鱼

拟态 幼鱼和成年鱼外形迥异　　相似指数 ★☆☆☆☆

这是真正的"变装"生物

虽然从严格意义上来说，主刺盖鱼不算拟态生物，但是从变装这一点来说，无生物能出其右。从幼鱼到成年，它的外形会发生翻天覆地的变化，由黑色底色配白色漩涡状斑纹变成蓝底配黄色竖条纹。要是没有了解相关背景知识的话，没人会觉得这是同一种生物吧。它的变化就是能大到让人瞠目结舌的地步。

虽说幼鱼时期和成年鱼时期的外形完全不一样，但是住的地方和喜欢吃的东西可一点儿没变，对自己的"领土"范围意识很强这一点也没变。特别是成年鱼，性格比较刚烈，如果有配偶以外的成年鱼进入自己的"领土"，它是一定会把它们赶走的。与美丽的外形不同，它可是很喜欢"吵架"的。

名片

● 生物名：主刺盖鱼
● 学名：*Pomacanthus imperator*
● 分类：辐鳍鱼纲鲈形目盖刺鱼科
● 体长：30 ～ 40 厘米
● 体色：幼鱼时期底色为黑色，有白色的漩涡状斑纹，成年鱼底色为蓝色，有黄色的竖条纹
● 分布地：印度洋、太平洋
● 栖息地：珊瑚礁、岩礁

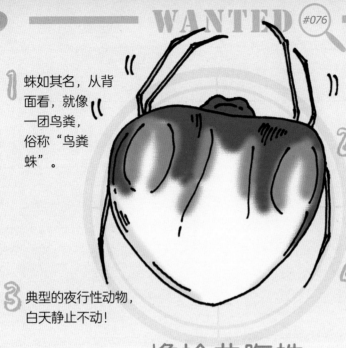

1 蛛如其名，从背面看，就像一团鸟粪，俗称"鸟粪蛛"。

2 腹部的光泽、白色和灰色的斑纹，增加了它与鸟粪的相似度。

3 典型的夜行性动物，白天静止不动！

4 雄性比雌性小得多。

蟾蜍曲腹蛛

拟态 鸟粪　相似指数 ★★★★☆

连尿酸质感都能再现的顶级"欺诈师"

这是一种能完美地伪装成鸟粪的小型蛛。腹部的光泽、白色和灰色的斑纹，增加了它与鸟粪的相似度。鸟粪含尿酸，因为尿酸不溶于水，看起来是白的，蟾蜍曲腹蛛连尿酸的质感都能完美再现，真是了不起！

夜行性动物，白天趴在树叶上一动不动，等到太阳落山才开始行动，做蜘蛛的本职工作——织网。

原本就是体形很小的蜘蛛，但是雄性比雌性更小，只有0.2～0.3厘米大。

名片
- 生物名：蟾蜍曲腹蛛
- 学名：*Cyrtarachne bufo*
- 分类：蛛形纲蜘蛛目黄园蛛科
- 体长：0.2～1厘米
- 体色：白色、茶色
- 分布地：中国、日本
- 栖息地：低海拔山区

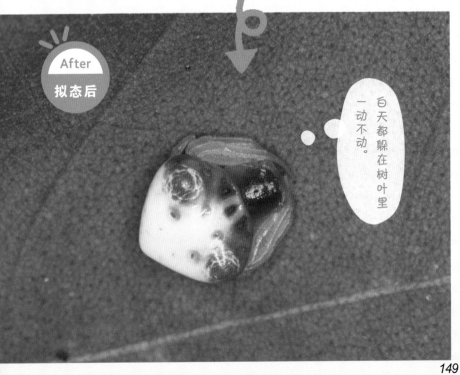

1 拟态的拿手好戏
有四十多种。

2 名字的意思就是拟态的
章鱼。

3 拟态时变成
条纹状，所以
也叫"条纹章鱼"。

4 面对的敌人和目的
不同，拟态不同。

拟态章鱼

（拟态）比目鱼、海蛇等　（相似指数）★★★★☆

不设上限的变装界"百变大师"

最早在印度尼西亚苏拉威西岛被发现的小型章鱼，物如其名，拟态的
章鱼。平时是茶褐色，可根据情况随时变色，且能模仿其他动物的形态，
如海蛇、比目鱼、海星等。据说它的拿手好戏有四十多种，真是让人大吃
一惊，说它是变装界的"百变大师"，一
点不为过吧？

或为躲避敌人，或为引诱猎物，根据
不同的目的，以及不同的敌人，拟态成不
同的对象，令人叹为观止。只是这样频繁
变换，不会累吗？这一点真是令人担心呢。

名片

- ●生物名：拟态章鱼
- ●学名：*Thaumoctopus mimicus*
- ●分类：头足纲八腕目章鱼科
- ●体长：40～60 厘米
- ●体色：茶褐色，随时可变
- ●分布地：西太平洋、印度洋
- ●栖息地：浅海的沙地

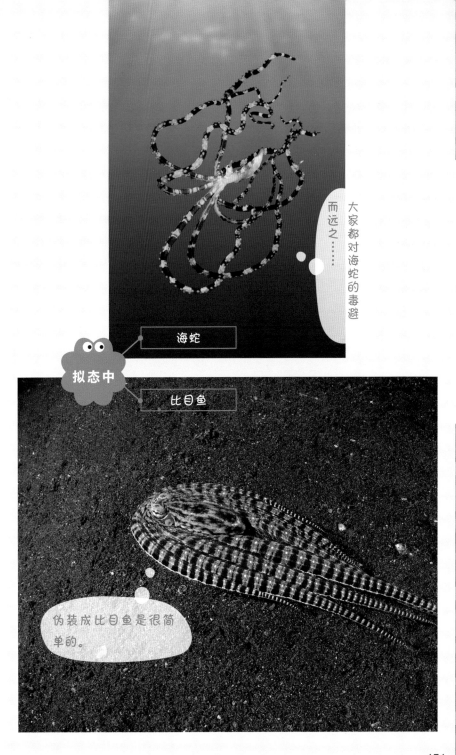

> 这东西身上有毒，还是离远点儿吧……

花纹细螯蟹

（拟态）用海葵作武器　（相似指数）★☆☆☆☆

特征、特技

1 两螯抓海葵，战斗！

2 一旦敌人靠近，便抡起"武器"，将它们赶走。

3 有时同伴之间也会争抢海葵。

4 因其动作而得昵称"毛球啦啦队"！

名片

- 生物名：花纹细螯蟹
- 学名：*Lybia tessellata*
- 分类：甲壳纲十足目扇蟹科
- 体长：1.5～3 厘米
- 体色：浅红色、乳白色
- 分布地：印度洋、西太平洋
- 栖息地：珊瑚礁、岩礁

将海葵用作武器，世间稀有

这种蟹不是拟态成什么，而是有一个比较稀奇的习惯，那就是螯足上常抓两只海葵。海葵有毒，敌人靠近时，它会挥舞"拳头"，用海葵攻击敌人，将其赶走。因此，与其说它是"拟态"，倒不如说是"武装"更贴切。因为这个动作看起来像是啦啦队给他人加油鼓劲，所以也被叫作"毛球啦啦队"。同伴之间会相互争抢这个"毛球"。

特征、特技

1 变换体色的同时，完成从幼鱼到雌性成年鱼再到雄性成年鱼的转变。

2 白底黑斑的是雌性，深绿色的是雄性！

3 外形独特，扁平的身体和尖尖的嘴。

4 游得很快，啄食甲壳类和小鱼。

雌性

> 我是女孩，想更时尚一点。

> 我身上这鲜艳的绿色，怎么样，还行吧？

雄性

第七章 其他拟态

名片

- 生物名：杂色尖嘴鱼
- 学名：*Gomphosus varius*
- 分类：辐鳍鱼纲隆头鱼目隆头鱼科
- 体长：18～25 厘米
- 体色：雄性深绿色，雌性白底黑斑
- 分布地：印度洋、太平洋
- 栖息地：珊瑚礁

杂色尖嘴鱼

拟态　雌性伪装成雄性
相似指数　★☆☆☆☆

长大之后变换性别

　　杂色尖嘴鱼拟态的对象，既不是别的生物，也不是景物，而是另一种性别。它在成长的过程中，会从雌性变成雄性。并且，身体的颜色也会一同改变：雌性时期底色为白色，有黑色斑纹，非常朴素；变成雄性之后，变为深绿色。这形象转变可真没有半点儿含糊。

　　雄性和雌性都是扁平的身体配尖嘴，以小鱼和甲壳类为生。作为观赏鱼很受欢迎。

特征、特技

1 红底黑斑，圆筒形身材。

2 有效利用瓢虫不会被吃这一点。

3 飞行速度很慢，但是行动很活跃。

4 喜欢吃栗子和梨，是害虫。

偶尔会遇到气场不太一样的"同伴"。

瓢虫　本尊

名片

● 生物名：黑星隐头叶甲
● 学名：*Cryptocephalus luridipennis*
● 分类：昆虫纲鞘翅目叶甲科
● 体长：0.4～0.6 厘米
● 体色：红底黑斑
● 分布地：日本
● 栖息地：阔叶林、果园等

绝对没有什么气场不一样的同伴哟。

黑星隐头叶甲

拟态生物　　拟态　瓢虫　相似指数 ★★★★☆

体形和斑纹完全骗过鸟类

这是一种生活在日本本州以南的森林和果园里的隐头叶甲，红色身体上的黑色斑纹令人印象深刻。乍一看，会觉得这就是瓢虫。其实不然，它只是为了不被鸟类吃掉，巧妙地利用瓢虫遇危险时释放恶臭物质以防被吃的特性，拟态成瓢虫。这就是生存的智慧，很聪明吧？

害虫，会将人类辛辛苦苦栽培的农作物一扫而光，所以农民很讨厌它。

我要是去户籍登记处的话，不知道能不能得到一张居住证呢？

红显蝽

拟态 人脸　相似指数 ★☆☆☆☆

名片

- 生物名：红显蝽
- 学名：*Catacanthus incarnatus*
- 分类：昆虫纲半翅目蝽科
- 体长：3～5厘米
- 体色：底色为红色、黄色，或黄土色，有黑色斑纹
- 分布地：中国、马来西亚、印度尼西亚、泰国等
- 栖息地：热带雨林

特征、特技

1. 乍一看，完全就是一张人脸！

2. 面部表情十分丰富，没有哪两只是一样的。

3. 受惊或感到危险时，会散发臭味。

4. 云南当地人叫它"关公虫"。

酷似人脸的热带珍贵品种

又叫"人面蝽"，如名字所示，它的身上确有一张"人脸"。很吃惊吧？它所拟态的人脸丰富多变，没有哪两只是一样的。

受惊或感到危险时，会散发臭味，所以也叫"人脸放屁虫"。多分布在东南亚的热带雨林中，我国西双版纳的热带雨林中也有，当地人把它叫作"关公虫"。

特征、特技

1 一群鱼中只有最大的一条会变成雄性。

2 雌性的特征是从眼部开始延伸的条纹，雄性的特征是方形斑纹。

3 肉食性动物，浮游生物是其主食。

4 色彩艳丽，可作为观赏鱼。

雌性

可不能输给敌人啊！

雄性

周围都是女孩，有点开心啊！

名片

- 生物名：侧带拟花鮨
- 学名：*Pseudanthias pleurotaenia*
- 分类：辐鳍鱼纲鲈形目鮨科
- 体长：9～15厘米
- 体色：紫红色(雄性)、橙黄色(雌性)
- 分布地：太平洋、印度洋等
- 栖息地：珊瑚礁、岩礁

侧带拟花鮨

拟态 从雌性变为雄性

相似指数 ★☆☆☆☆

出生时为雌性的雌性先熟鱼

这是一种具备性转变能力的鱼，出生时为雌性，随着成长会转变成雄性。但是，不是所有的雌性都会变成雄性，一个群体中只有体积最大的那一条会变成雄性，其余形成"后宫群"。因此，这唯一的一条雄性，会受到"后宫群"内所有雌性的喜爱。

身体为橙黄色、从眼部延伸出条纹的是雌性，身体为紫红色、长着方形斑纹的是雄性。以浮游生物为主食。

特征、特技

1. 待在树叶上装成粪便。

2. 成虫会将头部和四肢收进身体里。

3. 幼虫在自己的粪便窝里生活。

4. 雌性成虫用粪便包裹卵。

别靠近我，离太近我会被发现的……

After
拟态后

Before
拟态前

能感觉到有视线在盯着我，但我觉得它应该会把我当作粪便……

第七章 其他拟态

名片

- 生物名：斑瘤叶甲
- 学名：*Chlamisus spilotus*
- 分类：昆虫纲鞘翅目肖叶甲科
- 体长：0.2～0.4厘米
- 体色：黑褐色、红褐色
- 分布地：日本、南美洲等
- 栖息地：平原与丘陵的树林、草地等

斑瘤叶甲

（拟态）毛毛虫的粪便　　（相似指数）★★★★☆

一生都与粪便有着"不解之缘"

这种动物与粪便的"不解之缘"，无"人"能及。还是卵时，会被雌性成虫用粪便包裹；幼虫时期，在自己的粪便窝里生活；变成成虫之后，将头部和四肢收进身体里，可装成粪便一动不动。不愧是拟粪界的"专家"。

索引

图书在版编目（CIP）数据

伪装高手：拟态生物图鉴 / 日本宝岛社编著 ; 王
晗译. –– 海口：南海出版公司, 2024.1
　　ISBN 978-7-5735-0635-1

　　Ⅰ . ①伪… Ⅱ . ①日… ②王… Ⅲ . ①生物—拟态—
普及读物 Ⅳ . ①Q142.9-49

　　中国国家版本馆CIP数据核字(2023)第219271号

著作权合同登记号　图字：30-2022-090
TITLE：［Bakeru Ikimono Zukan］
BY：［Takarajimasha］
Copyright © 2018 by Takarajimasha, Inc.
Original Japanese edition published by Takarajimasha, Inc.
All rights reserved. No part of this book may be reproduced in any form without the
written permission of the publisher.
Chinese translation rights arranged with Takarajimasha, Inc. through NIPPAN IPS
Co., Ltd., Japan.

本书由日本宝岛社授权北京书中缘图书有限公司出品并由南海出版公司在中
国范围内独家出版本书中文简体字版本。

WEIZHUANG GAOSHOU: NITAI SHENGWU TUJIAN
伪装高手：拟态生物图鉴

策划制作：北京书锦缘咨询有限公司
总 策 划：陈　庆
策 　 划：姚　兰

作　　者：日本宝岛社
译　　者：王　晗
责任编辑：雷珊珊
排版设计：刘岩松
出版发行：南海出版公司　电话：（0898）66568511（出版）　（0898）65350227（发行）
社　　址：海南省海口市海秀中路51号星华大厦五楼　邮编：570206
电子信箱：nhpublishing@163.com
经　　销：新华书店
印　　刷：三河市祥达印刷包装有限公司
开　　本：889毫米×1194毫米　1/32
印　　张：5
字　　数：172千
版　　次：2024年1月第1版　　2024年1月第1次印刷
书　　号：ISBN 978-7-5735-0635-1
定　　价：58.00元